悦 读 阅 美 · 生 活 更 美

女性时尚生活阅读品牌

☐ 宁静　　☐ 丰富　　☐ 独立　　☐ 光彩照人　　☐ 慢养育

**JING**
静 老 师
形象提升系列

# 识对体形
# 穿对衣
## / 珍 藏 版 /

王静
著

漓江出版社

作者简介
**王静**

著名形象顾问专家，"形象平衡理论"创始人，"自然光色彩工具"发明人，中国实战形象顾问行业领军人物、"环球小姐"中国区大赛评委，现任北京典雅静界形象管理学院院长，北京大学、清华大学、中国人民大学等高校"形象管理课程"授课专家。

2005年成功研发"自然光"测色工具，为中国形象管理行业提供了超级实用的色彩测评途径。

以权威的课程设计、专业的实战指导，在形象顾问行业享有盛誉。多年来，一直坚守在专业形象顾问教学工作第一线，培养了近万名专业形象顾问。

持续专注研究"亚洲人的色彩和形体"等形象特征，并结合大量实践案例，形成了适合中国人的服饰体系，刷新了现代中国女性形象美学观念。

**静老师微博**
http://weibo.com/wangjingxxgw
扫一扫，加入为中国女性
量身打造的形象圈

**静老师公众号**
bjdyjj
扫码关注，掌握最新形象
资讯、了解近期课程安排

**静老师微信号**
yangguang539193
扫一扫，快速私信静老师

# 珍藏版序

我是"被定义"在时尚圈的人，不论是网络红人推荐，还是媒体或品牌的合作，都会把我称为"时尚专家"。可我更愿意把自己定义为"生活美学"的倡导者、传播者，同时也是帮助读者和学生寻找自我风格的导师。

对于我来说，风格比潮流更重要，它与体形、性格、工作环境、个人喜好等多种因素息息相关。可可·香奈儿说"时尚易逝，风格永存"，希望我能通过专业知识和多年的研究与教学经验，来帮助热爱美好生活的人探索并拥有属于自己的风格——或优雅、或浪漫、或艺术、或自然……成为能自信面对自己、也得体面对他人的人。

2010 年出版《选对色彩穿对衣》，我就出于这样的初衷。因为市场反响强烈，我又编写了与"色彩"相配套的《识对体形穿对衣》。2017 年年初，这两本书的选题策划人符红霞老师找到我，提醒我说，迄今为止，这两本书累计再版已经超过了 20 次， 这在国内的时尚书籍中实属罕见，因此希望能出一套珍藏版。

这于我，是莫大的肯定与鼓励。这些年来，我不断从社交媒体获得读者的反馈，各大网上书店中，几万条读者评论我几乎是一字不落地看完。我发现，这两本书之所以得到这么多人的认可，正是因为我关注的是最基础的美学观念，是和日常最为贴近的生活美学，是每一天甚至每一时都会用到的美学常识，只要看了、做了，形象就会实实在在地发生变化。

这次的珍藏版采用了不少来自网上的建议，增添了在教学中大家常问到的内容，并对一些值得商榷的表述进行了修改，谢谢大家的支持！也感谢一直关注我、支持我的符老师、张芳、乌玛，以及阳光老师，感谢你们一路的陪伴和鼓励，我会一直在"美美与共"的路上，坚定地前行。

# 目录
## Contents

part **01**

穿出你的
## 完美体形

part **02**

穿对衣让你
## 变瘦变高

part 03 扬长避短的
穿衣诀窍

part 04

360 度问题体形
穿衣全攻略

《识对体形穿对衣》在大家的期盼中姗姗来迟。

在专业形象顾问教学中，我把色彩、体形、风格的分析称为"形象DNA分析"，而"扬长避短""显瘦增高"这些热门话题让大家更加关注体形。生活中，完美的身材只有少数人拥有。其实，每一个人都有属于自己的、特别的体形，有优点，也有属于自己的特点。实际上，"识对体形穿对衣"是很多企业团体希望我在形象管理讲座中重点讲授的内容，也是最令人关注的话题。每每讲座结束后，很多热情的学员都向我问一些详细的问题，诸如自己臀宽肩窄应该穿什么款式，小腿和大臂太粗该怎么穿，太瘦的人想遮掩一下细臂细腿怎么办……问题还真是不少。

因此，我用心地对所有体形的优缺点进行了梳理，并亲自手绘了近500幅服装款式插图，完成了这样一本全面、详尽、针对体形的穿搭指南，让大家可以针对身体的每一个部位——无论是脖子、肩，还是胸、腰、臀、腹和腿——得到明确而清晰的穿衣建议。

在这里，我要特别提醒各位读者朋友两个问题。第一个问题是，如果你的体形缺点较为综合，比如粗腰、大腹、窄臀，那在阅读这三种体形的穿着建议时，若是发现某两个建议相互矛盾，可以放弃这两条，去参照其他建议。每一种体形的穿着建议都有5~10条，选择空间很大。如果你的体形属于粗腰、大腹，那基本就算胖体形了，可以在读完第4章"360度问题体形穿衣全攻略"后，返回第2章"穿对衣让你变高变瘦"，此章的穿着建议更好用。

第二个问题是，千万不要以为看过一次就一劳永逸。人的体形是会随着时间的推移而有所变化的，一旦体形发生了变化，就需要及时查阅本书，根据改变以后的体形重新选择服装的款式。

　　这本"体形"书相比于上一本"色彩"书更为细腻而精致，更加注重细节。因为体形是多元而复杂的，更需要详细、具体地加以解读。本书秉承"实用，实用，再实用"的主导思想，语言通俗易懂，手绘插图简洁生动，极具时尚感。真心希望本书能够帮助更多的朋友量体择衣，根据自己体形的特点选择适合的服装款式，扬长避短，秀出最动人的自己。

　　本书从起笔到收尾，历时两年。其中的艰辛是起笔之初始料未及的——我只能在繁忙的授课之余挤出时间写书；考虑到插图演示是让读者从读懂到会买的捷径，所以书中的体形插图和服装款式插图，都需要我亲手绘制，这些插图，有在无数个深夜中反复推敲出来的，有赴外地讲座时在候机厅斟酌出来的，还有在除夕夜绘制出来的……

　　虽然很辛苦，但我觉得这是一种幸福，因为写作过程中我得到了那么多人的支持和鼓励。在此，我要感谢很多人。

　　首先，我要感谢一直支持我的读者朋友。因为你们的信任和关爱，我的第一本书《选对色彩穿对衣》才能连续80周蝉联当当网美丽装扮图书畅销榜冠军。在感激之余，我有了强大动力，决心让这本"体形"书以最完美的状态问世，作为我对各位朋友最好的回报。感谢大家在当当网写下的珍贵留言和改善意见，帮助我将第一本书中的不足在本书中加以完善，能更好地满足读者的需求。

当然，还要感谢我的家人。因为写作此书，春节未能与父母一同过节，在此致歉，同时感谢全家一直以来对我的默默支持。

感谢我的团队——北京典雅静界形象管理学院的每一位工作人员和我的专业形象顾问学员们，特别感谢阳光老师、刘鉴、茗涵、颜熙、李霞、闫芳等等。有你们，我很开心很快乐！

谢谢我的好友乌玛，在我写作过程中提供了诸多帮助，谢谢你不遗余力地支持！

还要特别感谢靳羽西老师一直以来对我的提携与支持，在写书接近尾声的时候，在"环球小姐"中国大赛杭州赛区，我与羽西老师在美丽的西子湖畔亲密相拥。她是我的偶像，因为她一直不懈地追求和推广着中国美。为了使中国的"环球小姐"刷新历史，她像伯乐一样四处找寻千里马，亲力亲为，令我备受感动。受羽西老师的鼓励，我也要竭尽全力，帮助中国的女性识对体形穿对衣，为展现出完美形象的中国女性喝彩！

part

01

穿出你的
完美体形

# 01

# 完美体形是一个传说

在美国的一项调查中，有95%的人都对自己的身材不满意。猜猜看，那5%对自己身材满意的人会是谁呢，莫非是T台上婷婷袅袅的模特？要是她们都不满意自己，那其他人可怎么办啊！

其实并不是这样.身材曼妙窈窕的模特接受采访时也许会说"我对外表非常自信"，但平日里模特碰见我，都会恨不得一下子把关于身材的苦水吐出来，让我帮忙——我就像个医生，谁会对医生说谎呢？

无论是青春妙龄的花季少女，还是富态雍容的中年女士，我所遇到的女性中，没有哪个不对自己的体形抱有遗憾。就连那些典雅端庄的电视台主持人、以美貌著称的演员和人人羡慕的模特，她们对体形的不满也不比任何一个普通人少；即使是将自己定位为"演技派""实力派"的，私下里还是会向我讨教："静老师，您看我这身材要穿什么才好……"

再薄的一张纸也有正反两面，任何事物的存在都有优缺点。当你正在抱怨自己脖子太短而羡慕同学的美颈时，她可能正为不能像你一样拥有高个子而遗憾！所以啊，不必再去推测那5%的完美体形拥有者是谁，把"完美身材"当成美丽的传说吧！想要身材高挑，就不可能娇小可人；想要健美的肌肉轮廓，就等于放弃了温润无骨的柔美曲线；想要丰满的胸部，就难以打造帅气硬朗的中性风……说到这里你应该明白了吧，那5%满意自己身材的人并非拥有完美的体形，而是拥有完美的心态！

# 奇妙的"体形穿衣术"

蔡医生是我的一个客户，也是我的忘年交。作为一位优秀的中医学者，她三十年如一日沉浸在对药理、药性的研究中，研发了很多新药，获得了多项国家专利，也成了病人眼中的"神医"。

以前，蔡医生在闲暇逛街时，从不多看一眼商场中时尚靓丽的衣服——身高155厘米的她体重75公斤，丰满的体态让她对白大褂"情有独钟"——"我已拥有智慧，美貌就算了吧！"

她之所以会成为我的客户，是因为在她身上发生的一件事。那一次，她去上海出差，匆匆路过一条商业街时，一位热情的女导购连拉带拽让她进店试了一款黑白相间的时装。照镜子时她惊呆了，镜子里的她又瘦又高，胖胖的体态轻盈了许多，整个人显得年轻时尚，她二话不说便把衣服买了下来。

"原来真能找到属于我的时装！50岁也可以这么时尚！"感受到衣服带给自己的惊喜之后，她便出现在我的形象教室里，进一步学习扬长避短的穿衣技巧，很快便使自己焕然一新。此后，她出席各种学术会议时，不仅研究成果令人折服，形象和气质也很是让人敬重。

俗话说"人靠衣装马靠鞍"，得体的穿着不仅可以装扮出美丽的形象，还可以体现出一个人良好的修养和独到的品位。学会穿衣打扮，无疑会为人生增添一笔巨大的财富！魅力十足的形象，走到哪里都让人喜欢！

"三分长相七分装扮"，先天的相貌只占30%，还需要衣着和妆容得体，才能占尽美丽先机！穿衣打扮是一门艺术，同时也像弹琴、画画一样，水平和技巧是可以通过学习不断提升的！

现在就开始学习奇妙的"体形穿衣术"吧。穿衣打扮也是视觉的艺术，我们要先从了解视觉的特点出发。

# 相信眼睛是个错

这是我国河南省公路上出现的道路交通地面标线。传统的三车道地面标记线是白色的虚线，自从将白色虚线改为白色"视错"实线后，交通事故的数量下降了60%。因为"视错"实线使道路看起来凹凸不平，路面变成了三条笔直的"沟道"，开车经过的司机都不敢贸然提速、变道或者超车。

明明是平坦大道，视错线条却把我们带到了"沟里"。这种因为视觉导致的错误感觉就是"视错"，或称"视错觉"。

利用视错来为日常生活提供服务的案例还有更多。视错最为广泛的应用，还在艺术设计领域，它是不可缺少的形式美元素，许多艺术形式和美的产生都借助于人的视错觉。在按照体形穿衣的规律中，我们同样可以利用视错来达到扬长避短的目的。视错有多种类型：对比视错（长短视错、大小视错、粗细视错、曲直视错、深浅视错……），线条视错（横线视错、斜线视错、竖线视错……），面积视错（点视错、圆形视错、方形视错……），以及色彩视错、空间视错、心理视错，等等。视错的研究，涉及医学、心理学、社会学、建筑学、美学等许多领域的知识。在真正利用视错的时候，我们也会结合面积、角度、长短、颜色等元素，让效果更加明显。

接下来，我给大家欣赏一些世界著名艺术家创作的视错作品。在会心一笑之后，我会把这些视错效果运用到穿衣打扮之中，和你一起见证奇迹！

### 咖啡店视错——纵横交错的是直线还是弧线?

日本艺术家兼视觉科学家北冈明佳（Akiyoshi Kitaoka）创造了这个视错。这张图上的纵横交错的线条，看起来是弯曲的，使得画面的中心有种向外突出的感觉。用直尺检查一下，看看它们到底是平直的还是弯曲的？这就是"曲直视错"的运用。

### 米勒-莱尔视错——哪条红线更长?

这是著名的米勒-莱尔幻觉视错。它表明，运用透视可以大大增强视错的效果——远处的红线看上去是不是明显比近处的红线更长？信不信由你，两条红线的长度其实完全相等。这是"长短视错"的运用。

### 桌子的边长

将"米勒-莱尔视错"发挥一下，请看下面的图片，左边桌子的红色边比右边桌子的红色边短吗？左边桌子的绿色边比右边桌子的绿色边长吗？实际测量一下吧。这也是"长短视错"的应用。

### 樱桃是大还是小?

把一颗樱桃放在一堆红苹果中，你很难一眼就看到它，因为它实在"太小了"，但如果把这颗樱桃放在一堆红豆中，你一定能迅速找到它，因为它实在"太大了"。樱桃究竟是大还是小？看看这两张图，是不是觉得同一颗樱桃放在左边比放在右边时小了一大圈？相信眼睛真的是个错！这就是"大小视错"的运用。

#  利用视错穿衣，越错越美丽

　　神奇的视错，让我们领略了由小变大、由大变小，由长变短、由短变长，甚至由曲变直、由直变曲的不可思议的效果。这些视错理论如果用在我们自己身上，自然也会制造出神奇的改变。想瞬间成为长腿美女？想变瘦10公斤或是增高10厘米？视错是位魔法师，见证奇迹的时刻就在眼前！

利用咖啡店视错，可以增加胸部丰满感。

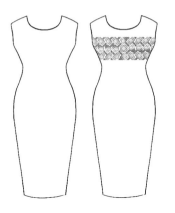

桌子的边长一例也可以令窄臀变宽。总之就是在你想要变宽的体形部位装饰一条长线，越长越好。

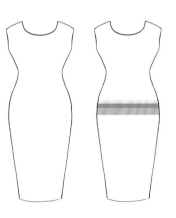

利用米勒-莱尔视错，可以令肩部变宽。

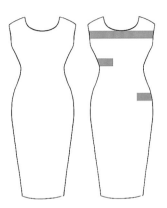

大小视错运用在面料的图案大小上，可以轻易让小个子的你显得高挑。

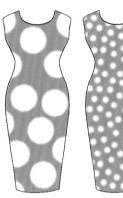

# 图解服装结构和身体部位

　　全书在针对每个体形部位的穿衣建议中，会出现一些涉及身体部位和服装结构的专业术语。在这里提前以图示的方式列出，方便大家随时查阅。

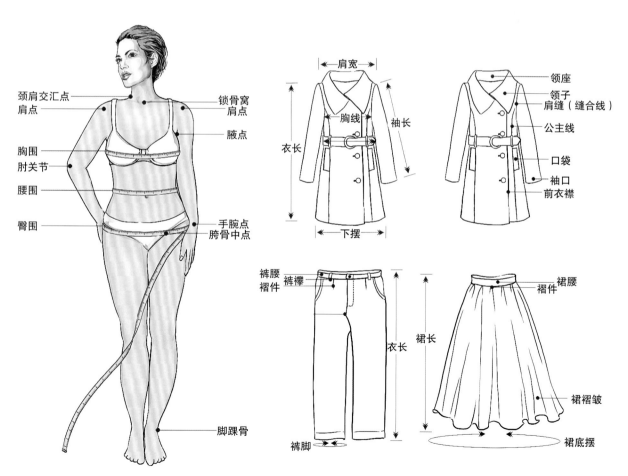

DAY 02

穿对衣让你
变瘦变高

# 01

# 变高变瘦，穿衣技巧的重中之重

大家都知道唐朝是一个"以胖为美"的朝代，在壁画和雕塑作品中，我们看到那时的女性无一不拥有丰腴的体态、饱满的面容。而21世纪的今天呢，"再高些！再瘦些！"则绝对是个永远被热议的话题。在我的形象讲座中，"如何变高变瘦"总是最受欢迎的内容。多年前接到姜培琳艺术学院的讲座邀请时，我想，终于有机会给身材一级棒的模特们开展扮靓课程，关于"如何穿衣显得更高""如何穿衣显得更瘦"一类的内容肯定不用讲了吧？没想到课讲完了，模特学生们冲到台前问我："静老师，为什么没有听到你讲如何穿衣能显得更高更瘦？"当时我站在20厘米高的讲台上，一边暗自告诫自己绝对不能走下去，一边忍不住惊讶地问："你们还想再高吗？"美丽的模特们呼扇着大眼睛，坚定地点头说："是！"

身高和胖瘦实在是体形管理中最难改变的事，"变高变瘦"因此成为所有穿着技巧的重中之重，让我们再深一步理解和运用视错吧！学习利用线条视错、色彩视错、点视错等方法，在日常穿衣实践中神奇瘦身并增高！

喜欢吃兰州拉面吗？面条拉得越细就越长，所以显瘦的同时一定会有显高的功效，因为体形变窄后，你的体形轮廓自然由宽长方形变成窄长方形。变高和变瘦，其实是一箭双雕的美事！

# 02

# 横条显瘦，物极必反

"线条"在服装设计中起着十分重要的作用，显瘦技巧因此和线条视错密不可分。

**增高显瘦的**
穿着建议 01

穿着横条纹越细越多，就越显瘦！这正是横条视错的显瘦运用。

人人都知道穿横条纹一定会显胖，所以许多胖人都不敢尝试横条纹的服装。其实不是所有的横条纹服装都会显胖，有些横条纹的服装恰恰相反，穿了会显瘦。不信看图。

维多利亚·贝克汉姆是时尚界的潮人，她从她的母亲那里学到了很多穿衣打扮的技巧，但唯独没遵从母亲"永远不穿横条上衣"的告诫。穿着横条图案的服装会显胖，难道维多利亚不知道吗？其实横条也千差万别，维多利亚喜欢的就是细条纹。

前面三种横条纹的对比图例，穿细条纹的是不是越看越瘦？这正是横线条视错的效果。只要掌握横线的排列规律，就会实现显瘦显高的"横线视错"，相信这也颠覆了你传统的穿衣理念。

通常我们所说的横条显胖是指一条、两条或者数得清的粗横线条，它的视错效果在由少变多的过程中会发生质的改变——穿少量的横条显胖，但线条变多变细时反而有显瘦效果。丰满圆润的胖人终于可以摆脱一件又一件的黑衣了，明快的横条会让你活力四射，尽显青春美丽！

几年前，在一次形象课堂上刚刚分享完横条显瘦的案例后，一位学员紧锁着眉头问我："静老师，有没有数字标准说明到底多细多密的线条才能显瘦？"因为人身高不同，身体表面积也不一样，学艺术的我一直认为这个标准只可意会！但遇到偏重理性思维的朋友时，我发现这真是一个需要量化的课题。从那之后，我开始用严谨的思考和计算解决美感课题，以便不同思维人的学习、运用。今天我终于可以将自己多年的实战经验和研究结果分享给大家：线条的宽度在2.5厘米以下、数量在20条以上的条纹，适合绝大多数想让身材显得更苗条的人！

这本书里绘制的模特都尽可能接近生活中普通人的身材模样，比起别的时尚插图，她们已经算是丰满了。也许你会遗憾地说："我比她胖！"别担心，我还有办法让你瘦了再瘦！如果照着上面说的穿细密横条衣服成功显瘦10斤之后，再加一件开衫混搭，你会发现——哈，又减10斤！

小贴士➕

如果你是梦想增肥的"筷子体形"，那大可以选择宽条图案的服装，条纹越宽、数量越少越容易显得丰满。如果上衣只有一两条横线且线条粗，而且颜色对比又很强烈，那便是最能显胖的衣服！

与左图比较，中图更显瘦高，开衫要敞开穿着，即便有纽扣也不要系，或是只系腰间一粒扣。

这样搭配，内穿裙装的横条长度变短，开衫自然下垂出现竖向的拉伸。你会发现中图的搭配比左图更显得苗条而富有曲线。

也可以穿横条纹的开衫搭配单色打底裙。通过右图的学习我们总结出一个新规则——**细横条长度越短越显得人瘦。**

小贴士+

搭配开衫外套后，横条纹变得短而密集，所以横条越细越短，显瘦效果升级！

如中图，细横条纹开衫搭配白色打底裙同样没问题。相信从此胖妞妞们的衣橱中一定不再是黑色衣服的天下了！

从左到右对比着看不难发现，左图和中图虽然穿的是胖体形朋友最忌讳的白色，但丝毫没有让体形增肥的效果。所以别担心，你会发现久违的白色服装上身，效果一样显瘦显高！

左图中如果开衫换成黑色当然减肥效果最佳，但白色开衫也没问题，因为细横条打底裙是关键，始终遵循了"细横条长度越短越显人瘦"的规则。

上述衣着建议都采纳了黑白的色彩搭配，如果想穿其他颜色，可以选色彩较深的艳丽色与白色搭配。

这些细横条纹的开衫或者打底裙可以是深蓝色+白色条纹、深红色+白色、黑色+浅黄色、黑色+浅粉色……只要确保横条纹是深色和浅色的搭配就好。

如果细横条纹的深色条和浅色条的颜色对比不够强烈，就起不到显瘦效果。

25

　　两个颜色的横线条服装，因为线条有粗有细，并且线条之间的距离远近不同，会让横条纹的样式更加生动。下面这组图就是此类横条纹服装的案例。活学活用，让你的衣橱明快丰富起来。

条纹的丝巾很好，因为面积小，所以横条竖条都能显瘦。

有粗细变化的横条纹服装，只要确保线条的数量在20条以上，有超过半数的线条宽度小于2.5厘米，即可。

外搭开衫换成马甲，一样显瘦增高，而且更具年轻活力。

# 03

# 竖条显瘦，没那么简单

　　同样的道理，一直对"竖条显瘦"深信不疑的朋友要琢磨一下了——利用竖条纹显瘦也需要技巧，竖条纹不能很细很密，更重要的是数量不能太多（参看下图）。竖纹超过三条，显瘦效果便已经开始变质。很明显，一条或者两条的竖条纹瘦身效果最好！所以并不是所有的竖线条都会让你变瘦，如果竖线太多则事与愿违。正确运用竖线视错——少量的竖条才可以实现显瘦增高的穿衣效果。

　　看到这里你应该会对穿衣变瘦信心满满了。但是在采购时你会发现，在商场，受流行趋势的影响，厂商并不能及时提供令你满意的竖条纹衣服。在这里我想提醒大家，关于竖条显瘦，不一定要依靠面料本身印好的图案，你还可以采购一些通过装饰物来产生类似竖线条效果的款式设计，例如：一排鲜明的纽扣创造的竖向线条、上衣的前衣襟包边、胸两侧的公主线剪裁、色彩深浅不同的面料拼接工艺。学会利用服装中的装饰设计产生竖线条，是女性扮靓一定要学会的技巧。

**增高显瘦的**
穿着建议 02
穿少量竖线条，
最好！

以下图例能帮助你对服装本身自带的、设计好的竖线款式产生一定的敏感度——拉链、纽扣、撞色包边……都可以看成竖线条，你以后逛街时，也可以试着用专业的眼光分析服装了。

鲜艳夺目的彩条丝带，为服装创造出了一条垂直竖线，拉长拉瘦身体。

外衣的前衣襟包边处理，即使秋冬换再厚的面料也一样显瘦显高，或者镶嵌抢眼的条状皮毛。

服装前衣襟缝合的长拉链或一排整齐的纽扣都是竖线条（需超过六粒扣才有效果）。
胸部两侧的公主线既是修身的竖线条，也是最具优雅魅力的线条。

适合职场的西服套装，领子包白边，既时尚又可以修饰体形。

下面这组示例，是利用服装与服装之间的搭配实现竖条对比的，搭配关键是：让两件深浅不同的服装产生竖条拉长的穿着效果，深浅差别越大，营造的竖线条拉伸效果越明显。

深色长款风衣搭配浅色打底裙，会比通身内外全深色的搭配更显得高挑瘦长。

深色外套和浅色打底裙，形成强烈的深浅对比，浅色打底裙在胸前创建了一条垂直的拉长线，准确地说是一个细长方形。

•不能系上扣子（最多系胸前一粒扣），否则上下连贯的拉长线就不见了！

•服装内外色差要大，尤其颜色的深浅对比一定要大。

•外搭服装款式越长越好，内外颜色的深浅色差越大越好。

29

长丝巾或围巾也可以成为两条竖线条，关键还在于利用色彩深浅的对比。

针织开衫和长丝巾都是最好的选择。

外浅内深的搭配方案，注意鞋子和打底袜要选择与打底裙色彩近似或一样的颜色。

偏胖身材的着装宜外深内浅，即深色外套配浅色打底。职业装也不例外。

垂直或长款的项链也可以产生竖线条。注意：项链色彩要与服装形成深浅色对比。

不论外浅内深还是外深内浅，内外色差都要够大。如深灰色外套搭配浅粉色针织衫，便成功地创造了竖线条。

小贴士➕

利用两件套层叠穿法显瘦的秘诀：

1. 外套不能系扣子，最多系胸前一粒扣，否则上下连贯的拉长线就不见了；

2. 内外两件服装的色差要大，也就是一件尽量深，一件尽量浅；

3. 外搭开衫服装，衣长过腰，越长越好。

# 04

# 不对称的款式，让身材瞬间高挑显瘦

看着下面的图示，有些服装的竖线数量已经超过两条，但是显瘦效果却很好。它们运用的已经不是竖线视错了，而是不对称视错。竖线在服装款式中的安排不均匀、左右不对称的分布格局就是"不对称视错"。由此我们受到启发，不对称的设计同样可以令你显高变瘦。

## 增高显瘦的
### 穿着建议 03

穿着不对称（半侧）的款式设计。

不对称的侧绣花或者不同面料材质的侧面拼接，都会很好地掩饰胖胖的体形。
对于期待个头能更显高的朋友们，不妨将此图的深浅色对换，但位置不动，效果最佳。

31

# 05

# 斜线越斜越长，显瘦效果越佳

斜线也能显高显瘦吗？答案是肯定的，斜线是一种充满动感且活泼青春的线条，比四平八稳的横线和竖线更显活力。"开心果"沈殿霞女士就非常喜欢斜线，现在网上依然可以搜索到她许多身着斜线设计元素的礼服和演出服的形象，这些动感十足的斜线将她乐观好动、亲切可人的性格展现得淋漓尽致。不仅如此，斜线同样可以让你展现窈窕高挑的个人魅力，也许这才是"肥肥"沈殿霞一直深爱斜线的原因！

关于"线条视错显瘦显高"的应用绝非如此简单，你需要多学多练直到活学活用。在掌握了横线视错、竖线视错、斜线视错后，还可以进一步利用这三种线条混搭，效果一定更出彩。但是你必须记住：想更好地显高显瘦，竖线条数量越少越好，横线条越短越好、越细越好！

## 增高显瘦的
### 穿着建议 04

斜线视错可以拉长身体，显瘦略胜于显高。

> 无论是一条或者多条斜线，都能很好地让你实现显瘦显高的梦想。选择这些斜线衣服的秘诀是：**倾斜度越大越好，加底纹线条越长越好！**

# 06

# 全身一色打底，亮点越高个子越高

**增高显瘦的**

穿着建议 05

用色彩打造你的
形象亮点，上下
身一色或近似
色，亮色点缀在
胸部以上。

不要使整个上衣的
颜色都鲜亮起来，这样大
面积的亮色已经不是"亮
点"了，整个上身都已经
变成"亮面"了，无论是
胖体形的还是矮个子的朋
友都请放弃吧！

必须选择同
色的套装，裙装
裤装均可，连衣
裙则更好，即便
是不同的颜色混
搭，也要保证上
下装的色彩尽量
近似。

全身一色，
上下连身，色彩
的视觉要有连贯
性，因为自上而
下一色贯穿，不
容易引起他人目
光的注意，胸部
以上特别鲜亮的
装饰色，又会给
含糊的目光以悦
目的视觉亮点，
在绝对耀眼的同
时，让人忽略了
胖瘦问题。

33

　　利用视错原理可以成功实现增高显瘦的梦想。其实，能显高显瘦的方法还有很多，塑造形象亮点也是一个好用的技巧。当你的形象有亮点时，你会给人眼前一亮的视觉快感！这个亮点的产生需要色彩的对比来形成，通常，亮点的颜色特征为浅色或艳色。

　　比比看，哪个更有身高优势呢？由左到右，看她们的时候我们基本上会从"低头看"逐渐到"抬头看"，直到最后一张图，因为她的亮点在胸部以上。这个方法最适用于小个子的朋友，想长高就让他们抬头看你！即便是被腰带吸引，目光的位置也不够高，不是吗？而亮眼的红鞋子把视线都拉到地上了！

　　对于胖体形的朋友而言，腰部多半不是令人骄傲的优点，又何必一定点给别人看呢！所以你的选择也应是最后一张图。

　　想在胸部以上的位置发挥亮眼的装饰效果，有很多方法。鲜亮的丝巾或首饰、漂亮的领子、鲜明夸张的胸花或胸针、醒目的肩部装饰设计（肩部太宽太壮实的慎选）、打眼的胸部口袋设计（胸部太过丰满的慎选）……

胸部以上的亮点有：项链、耳环、胸饰、漂亮的领子、蕾丝、肩章、丝巾、围巾等等。特别提示：除了服装和服饰的点缀之外，别忘了还有漂亮的妆容和精致的发型，都有可能成为亮点哦！

小贴士✚

**显瘦秘诀**：深色衣服，浅色或者艳色亮点，亮点的位置应在胸部以上，亮点的形状以瘦长形为最佳！

**显高秘诀**：浅色或者深浅适中的衣服，点缀亮点的形状可宽可窄，只要位置够高！

# 07

# 上下装色彩须连贯或呼应

这套行头可以是胖体形朋友衣橱中的必备，是四季都适合的经典穿着。上下装用一个颜色，色彩在全身的使用要连贯，也可以利用色彩呼应的搭配方法，实现上下装的色彩连接。

短款的开衫外套和前文中出现的长款开衫一样可以让人显瘦显高。

这是对于左边那款不理想组合的挽救方案。只要创造出"上下连身，色彩有视觉连贯性"就行。

**增高显瘦的**
穿着建议 06

不系扣的开衫（或系胸前一粒扣）内搭一色的衣服。

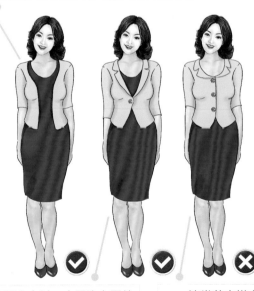

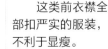

像这样加一条与裙子同色的丝巾，是不是比左边的形象显高显瘦？

除了丝巾，还可以用打底衬衫、高领套头衫，以及夸张的项链、胸花、胸针……但是颜色一定要与下装呼应！当然，换成裤装也是一样的道理。

穿着必须系扣的西服上衣时，中图比右图效果要好，因为中图上身露出的深蓝色与裙子遥相呼应。

不要小瞧西服外套上露出的那一点点深蓝色，这样会"上下连身，色彩有视觉连贯性"，显高显瘦的效果不亚于不系扣的开衫效果。

这类前衣襟全部扣严实的服装，不利于显瘦。

通过上下身色彩的呼应，我们成功地实现了"上下连身，色彩有视觉连贯性"，更高更瘦的形象就在眼前了。

由此，我们还可以进一步应用。许多时候我们也购买过那种上下身拼色的服装款式，千万记得在上身要及时呼应下装的色彩。

购买这类款式时，还要注意拼色的位置越高越好。

这款裙装因为是高腰线款式，所以也适合，只是不如中图和右图那样完美。

# 08

# 上衣越短越显高

上衣的衣长超过臀部会压个子，因此，上衣长度在臀部和腰部之间比较好。上衣越短越显得腿长——还记得"桌子的边长"视错案例吗——短款上衣应用了长短视错，显得腰高腿长。

高腰款服装也能实现同样的视错效果。但高腰款服装适合矮个子的朋友，却不适合胖体形的朋友，因为它的瘦身效果一般。

**增高显瘦的**
穿着建议 07

穿短款的上衣，拉长腿部线条，实现显高的穿着效果。

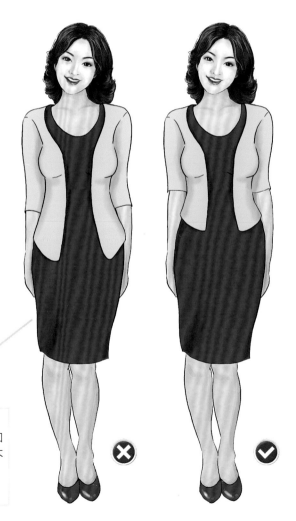

左图与右图对比，我们发现上衣越短越显高。

左右图都很显瘦，那是因为开衫的扣子没系上。如果穿着系扣的上衣，上衣的长度还是越短越好，最好不要超过臀位线，才能显瘦又显高！

对于个子矮且偏胖的朋友，右图才是最优选！

齐腰长的短款针织开衫，很适合。

短款背心也同样有提升身高的作用，并且可以成功瘦身。

喜欢穿裤子的朋友，也可以选择短款上衣搭配裤装。套头衫最好穿低领的，穿高领时首选浅色。

高腰线的连衣裙是常见款式，很容易买到。

这套外短内长的混搭款式适合胖体形。长款打底衫盖住整个臀部（打底衫的色彩与裤装一致），无论腰、臀、腹有多胖都能掩饰。外搭一件提升腰线的超短款的外套。

# 09

# 穿着精纺面料

整理衣服时，你会发现有些服装很占空间，例如：冬季的厚毛呢大衣、蓬松的羽绒服、粗线织的棒针毛衣等。这些衣服因为面料的缘故体积较大，很难折叠变小。由此可见，如此占地儿的服装，穿在身上也一定会让人显得更胖。面料有蓬松度或表面不平坦的褶皱面料都更容易让身体显胖，棒针毛衣或粗线纺织出来的粗呢子面料，因面料较厚会让身体胖上一圈。所以，精纺的细线平针毛衣、细线纺织出来的"精工呢"（又称"精纺细呢"）、精梳羊毛面料、丝绸、精细棉布等都很适合胖体形的朋友穿着。个子矮而偏瘦的朋友此条建议可以不采纳。

**增高显瘦的**
穿着建议 08

选精致细密的面料穿着，不穿粗糙、蓬松或厚重的面料。

❌ 有褶皱的
蓬松面料

✔️ 无褶皱的
精细面料

棒针粗线毛衣　　　　精纺细线毛衣　　　　粗纺格呢上衣　　　　精纺细呢上衣

毛领多褶皱厚羽绒服　　无领少褶皱薄羽绒服　　有皮毛装饰的外套　　无皮毛装饰的外套

# 10

# 花衣显胖，大图案显矮

打开一些胖体形朋友的衣橱，其中不乏各种花色图案的服装，除了黑色，其他单色的服装比较少见，为什么体形越胖却越是钟爱有图案的面料呢？胖体形的朋友一定开心地告诉你答案：因为胖，总

### 增高显瘦的
#### 穿着建议 09

胖体形应多选单色穿着，少穿有图案花色的面料；矮个子则适合穿中小型花色的面料，图案较大的面料会比较压个子。

大面积花纹图案不适合偏胖身形穿着，但保留小面积的图案还是可行的，如不对称的半侧图案、T恤衫的局部印花图案（图案是瘦长形最好）都可以瘦身。

偏胖且胸大的体形，最好穿没有图案的服装。

觉得没什么可穿，因此更感觉花色面料很美丽。这是个非常普遍的穿衣误区。夏季在街头随意驻足片刻，即会得到答案，十个胖人中会有超过半数的人在穿花衣，而单色素色的衣服却十有八九穿在瘦人的身上。

矮个子的朋友、较胖体形的朋友更适合穿有图案的服装，这些图案布满全身或者局部使用都好，但要忌讳特别大的图案。还记得视错里那张"樱桃是大还是小"的图吗？想让矮个子朋友显高，就一定不能穿大图案，否则就会像樱桃掉进苹果堆那样被淹没。小图案穿起来比中型图案更好，因为图案越小越显得个子高。

选穿单色时，矮个子的朋友如穿艳色或浅色就会显高。看下图你会发现，小图案的服装更优于没图案的服装，因为有花纹的图案会比较膨胀，身高也会膨胀出来。

# 11

# 优先深色，必备高跟

众所周知，全身的深色和高跟鞋的选择，依然是不变的瘦身法则！但是矮个子的朋友不适合穿太多的深色，因为变瘦的同时也会变矮，所以衣服应多选浅色或艳色，前文已经提到。想增高，高跟鞋是亘古不变的良方，高跟鞋加长腿部线条，也是瘦身必备。

**增高显瘦的**
穿着建议 10

高跟鞋是最直接的变高手段，变高的同时也会显瘦。深色是瘦身的法宝，但是不适合矮个子的朋友。

十条增高显瘦的穿着建议，这些衣着技巧足够丰富你的形象啦。同时我也深信，任何一个人，不管体形如何，都可以借助适合的衣着，穿出比例均衡的完美身材。

# 12

# 穿着让你更有自信的衣服

一天，我的形象工作室来了一位身材高大、体态丰满的顾客。在旁人看来她可真幸福，自己的事业经营得风生水起，还生了两个可爱的宝宝。然而不久前她和闺蜜逛街，竟被商场的导购误认为母女，她沮丧地说："我有这么老吗？"这次的遭遇着实把她打击得不轻，好几天都不想照镜子。想想两次生育后的体形，一向不善装扮的她更是不知所措。她来找我的时候眼泪都快掉下来了，万般期待快速改善形象。

"形象顾问"的服务项目中有一项叫作"衣橱打理"，就是帮助客户分析现有的衣橱，区分哪些衣服合适，哪些衣服不合适，合适的衣服要如何搭配。为了帮她快速改善形象，我特意去她家里做衣橱打理。发现她日常的衣服中黑色系占据半壁江山，但款式大多不适合她，许多衣服非但不能改善她丰满健壮的体态，反而有"增胖"的效果。所以，我为她制定了一个采购计划，和她去商场挑了整整一天的衣服。

花掉的精力、金钱和时间能够对她的着装风格有所改善，但改变更多的，还是她从中找回的自信。当我们的远古先人第一次将矿物颜色涂抹在身上时，就懂得了穿衣的意义——修饰自己。所以，服装本身就包含着使人类的身体更美的意义。因此请相信一定有衣服能掩饰你体形的缺点，让你穿出自信。

常有朋友信誓旦旦地说："两个月内我要减掉20斤，我一定要穿上XS号的阿玛尼。"要知道：是衣服为人服务，不是人为衣服服务。林振强先生是香港著名填词人兼专栏作家，他曾说："人生许多不必要的痛苦，起因都是硬穿上小了一个码的衣服。"何苦呢？你大可利用以上这些简单的穿衣技巧，告诉自己："一定要买条适合的裤子，再进行合适的配搭，让我看起来瘦掉20斤！"

我们不需要将自信建立在"拥有穿什么都好看的魔鬼身材"上。打造自信满满的形象其实很简单——只要学会扬长避短，就可以穿出让人称羡的好身材！

PART

03

扬长避短的

穿衣诀窍

# 01

# 体形五分，遗憾犹存

目前的形象类书籍中，大多会从宏观的角度将体形划分为X形、A形、Y形、H形、O形这五种，也就是"五形分类法"。

X形：肩部与臀部宽窄近似，有明显的细腰，是现今推崇的标准体形。

A形：肩部比臀部窄小，腰部以下变宽或更结实。

Y形：肩部、背部较宽，臀部较窄，肩比臀宽大，腰部以上较结实。

H形：三围缺乏曲线，尤其是腰部曲线不明显，外轮廓几乎是直上直下，腰部和臀部的尺寸相差很小。

O形：三围圆润丰满，腰粗且不明显，臀围较宽，腹部突出。

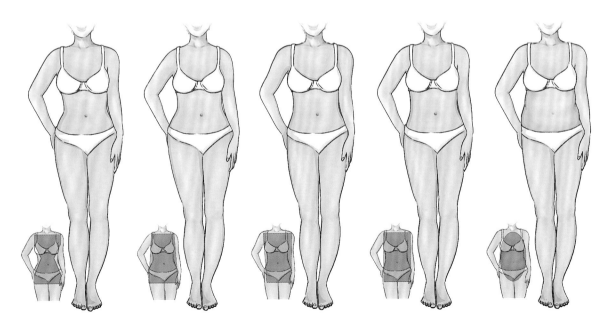

对这五种体形，不同的书会给出不同的叫法。总结起来，大致有三种命名方法：英文字母命名法、几何形命名法、象形物化命名法。以下是不同名称的对照表。

| 体形分类 | | 英文字母命名法 | 几何形命名法 | 象形物化命名法 | |
|---|---|---|---|---|---|
| 体形分类 | | X形 | 沙漏形 | 可乐瓶形 | |
| | | A形 | 三角形 | 鸭梨形 | |
| | | Y形 | 倒三角形 | 草莓形 | |
| | | H形 | 矩形 | 青瓜形（水桶形） | |
| | | O形 | 椭圆形 | 柠檬形（钻石形） | |

仔细对照后你会发现，这种体形分类方法主要围绕肩、腰、臀三个部位的粗细变化来界定，不同名称描述的都是这三个部位的不同曲线形成的外形轮廓。

五形分类法虽然很直观，但遗憾的是不能进一步显示影响体形的其他重要因素，比如颈部长度及粗细、大臂粗细、小腿长短等等。因为同样是A形，有的大臂粗，有的手臂太纤细；胸部较丰满，可能是O形，也可能是X形、A形……任何一种体形都有可能存在混合的体形特征。

为了更好地帮助你寻找最适合的穿衣方案，在接下来的内容里，我会针对每一个重点的身体部位——从颈部、肩部、胸部、腰部、臀部到腿部——详细说明测量方法，逐一排忧解惑，给出最实用的款式建议，让你进入"识对体形穿对衣"的美丽境界。

# 最决定优雅度的曲线
## ——长颈VS短颈

从小时候起，我最喜欢的芭蕾舞剧目就是《天鹅湖》，舞蹈演员们修长身体的各个部位都是美丽的弧线，其中最让我注意的便是优雅的颈部线条。那一低头、一回首，真让人觉得脖子越长越美，有天鹅般的典雅，有公主般的高贵。

任何事物都有限度，过犹不及。虽然脖子并不是越长越好，但是在中国，苦恼的短颈者远比长颈者多。相信多数读者还是最关心短颈该怎么穿吧。

导致短颈的原因有很多。常见的有以下几种：一种是天生的脖子长度相对较短；一种是由于身体微微发福后，周身都圆润起来，脖子变粗，被肉包裹起来的肩膀变厚变高，加上双下巴（甚至三层下巴），都缩短了脖子的长度比例，这种情况和年龄增长大有关系，也更为普遍；除此之外，还有一种情况是由于"端肩"体形形成的短脖子现象——通常情况下，人体肩是微微侧溜的，而肩部平直甚至略向上的"端肩"，会让高耸的肩线缩短脖子与肩的距离。

长颈者也有多种情况：第一种天生的长颈；第二种是因为身体瘦形成的细脖子，脖子细了自然就会显长，只不过这种情况在亚洲人中比较少见罢了；第三种是因为溜肩的体形特征，使得脖子看起来较长。

长颈、短颈自测图例：

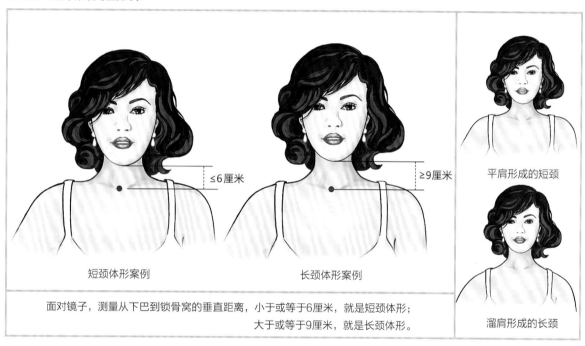

短颈体形案例　　　　　　　　长颈体形案例

平肩形成的短颈

溜肩形成的长颈

面对镜子，测量从下巴到锁骨窝的垂直距离，小于或等于6厘米，就是短颈体形；
大于或等于9厘米，就是长颈体形。

　　不同领型可以在视觉上极大地影响脖颈长短，下文中手绘的颈部模特选用的是标准脖长。你会深刻地感受到服饰对脖子长短变化的显著影响。如果你是标准颈长，那么这些款式可随意穿着，没有任何忌讳！

　　如何让短脖子显长，或修饰过长的脖子？请看下文的穿着建议。

# A 令短颈变纤长的穿着建议

## ★短颈者的衣饰建议 01

穿大领口的服装（服装领口不仅要大而且要低，领口至少能露出锁骨窝）。

领口的大小以露出锁骨窝为最佳，领口既要开得够大，也要开得够深。也就是说，深V领口和各种大领口都不错，常见的船形领和一字领却不适合穿，因为这类领型虽大，只是使领口变宽露肩变多，而不是领口变深。如果穿有扣子的服装，锁骨以上的扣子不能系上。

这款领型集合了U形领和八字形领的特点，所以有时我们所穿的领型未必与图示中的常见领口一模一样，只要是领口低开、能露出锁骨的款式都没问题。

这是一款适合短颈者穿着的心形领服装，这款彩绘着装效果图的展示更形象、更易于理解。

## 常见领型的示意图

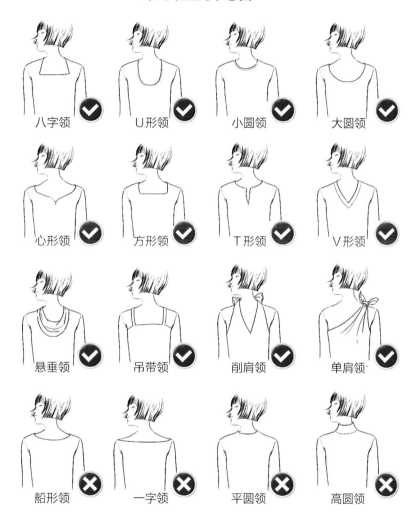

八字领 ✓　U形领 ✓　小圆领 ✓　大圆领 ✓

心形领 ✓　方形领 ✓　T形领 ✓　V形领 ✓

悬垂领 ✓　吊带领 ✓　削肩领 ✓　单肩领 ✓

船形领 ✗　一字领 ✗　平圆领 ✗　高圆领 ✗

　　图中只有打"√"的才适合短颈者穿着。标"×"的图示需要注意，这类领口不是绝对不能穿，只要买来的服装领口低于锁骨窝以下即可。通过领口的简笔图示，我们可以清晰地了解领口大小对脖子长度的影响。

## ★短颈者的衣饰建议 02

领座越低越好（穿无领座或低领座的服装）。

如右图所示，领座是指领子的高度，有领座的领子距离肩部较高，高领子会淹没脖子的长度，会让原本不长的脖子显得更短。到了冬季，无领座的领口会不应季，裸露着脖子显得不够御寒，所以这时要选穿低领座的领子，领座越低越好。

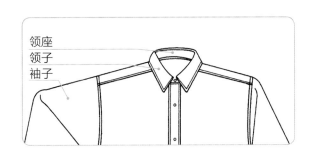

**常见领子的款式示意图**

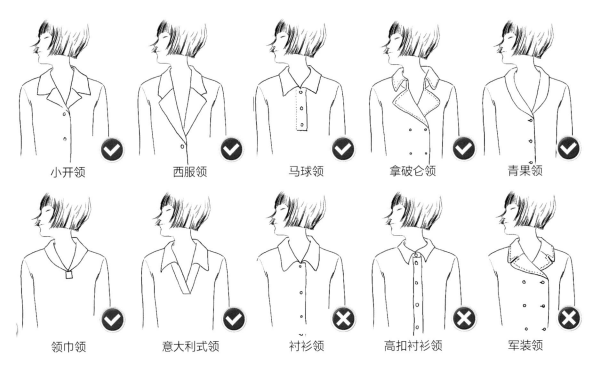

有领子的服装通常都有领座。影响脖子长短的主要是"领口的大小"和"领座的高低"。立领和中式旗袍领（也属于立领的一种）都只有领座没有领子。

穿衬衫或Polo衫时，除领座不宜太高外，领子也不宜宽大，锁骨窝附近的两粒扣不要系，尽可能多地露出脖子，产生颈部修长的视错。所以前页打"×"的领子款型不是绝对不能穿着，只要领口变大就能由不适合变为适合。

丝巾不系最好，需要时可以系低些，多露出脖子。搭配丝巾的领口要低开（在胸位线以下最好），以便丝巾能有充足的空间展示。

丝带领口的服装，将领口丝带打结时，可以尽可能地露出锁骨窝，结打得越低越好。

短颈者最好不穿立领。如果特别想穿旗袍，就选这种低立领的款式，领口左右不合拢，领口向下开得越深越好。可以不戴耳环，进一步为脖长加分。

小贴士✚

为了显得颈部较长，放弃又长又坠的大耳环吧，小颗精致的珍珠和钻石耳钉就足以画龙点睛了。

# ★短颈者的衣饰建议 03

不穿厚领子（领子的面料不宜太厚重，蓬松或带毛绒的领子也不适合）。

在寒冷的冬季，短颈者穿大衣，领子忌讳：厚、宽、大。衣领的面料厚度最好不超过1厘米，太厚的衣领容易将肩部和脸之间原本属于脖子的线段淹没，好像没了脖子。领子的宽度不能大过脖子的粗细程度，否则不利于拉长脖子。一些皮毛装点的领子虽显华丽却不适合，包括羽绒服领子，这类有蓬松度的厚领子尤其不适合短颈朋友。

短颈者多半体形偏胖，许多时候偏爱皮草类的服装，因为能穿出雍容之美，但厚厚的皮毛领要慎穿。

露出脖子是短脖者的穿衣关键，但是冬季外出尤其是遇到大风天气，露着脖子会很寒冷。选用浅色围巾，令围巾与肤色连成一体，与深色外套形成对比，是最佳的御寒搭配。

小贴士✚

短颈者保暖搭配的关键:

1. 外套的衣领宜简单不宜太厚,搭配保暖度较高的羊绒围巾时,选择轻薄柔软的精纺面料。

2. 为了更好地拉长脖子,围巾的颜色要选择明亮的浅色或者鲜艳的色彩。衣服的色彩应该是黑色或者深色,目的是要将服装与围巾的色彩差异拉大。这样围巾才能帮助拉长脖子(围巾也可以换成高领羊毛衫,色彩搭配的要求同上)。

3. 围巾不要系得太紧、太贴近脖子,宜选择V字形系法。

4. 搭配长长的毛衣项链,或细长围巾。

左图中的服装面料较厚重,穿起来领子会硬挺有型,无形中垫高了肩部,而右图的薄面料服装却没有这样的问题。

## ★ 短颈者的衣饰建议 04

戴远离颈部的项链（项链不能太贴近脖子，首选带吊坠的V字形项链）。

项链的长度至少要在锁骨窝以下，距离脖子越远越好，冬季的毛衣项链距离脖子最远，是不错的选择。项链首选细长款，佩戴Y形项链和垂有吊坠的V形项链，吊坠以修长的款式为佳。除了要求项链的长度低于锁骨，还要注意：粗款式不如细款式显脖长，太宽大的款式不如纤细精巧的款式更适合。

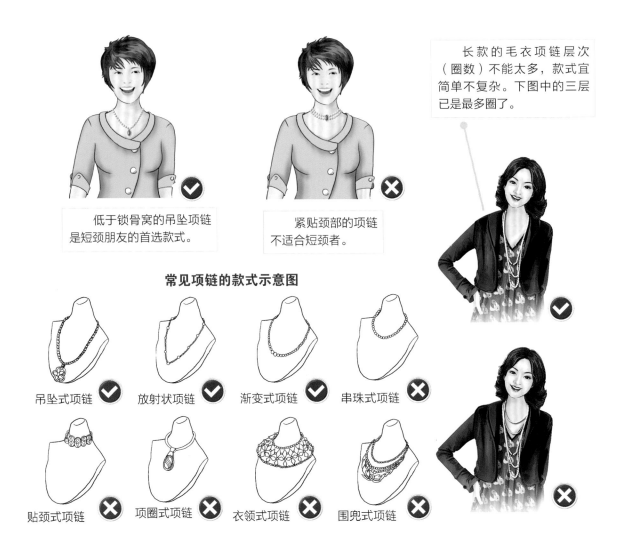

低于锁骨窝的吊坠项链是短颈朋友的首选款式。

紧贴颈部的项链不适合短颈者。

长款的毛衣项链层次（圈数）不能太多，款式宜简单不复杂。下图中的三层已是最多圈了。

**常见项链的款式示意图**

吊坠式项链

放射状项链

渐变式项链

串珠式项链

贴颈式项链

项圈式项链

衣领式项链

围兜式项链

# ★短颈者的衣饰建议 05

戴短款耳环（耳环不能太长太大，它会填充原本不纤长的脖子）。

耳环也要注意选择适合的款式，脖子短应尽可能佩戴贴近耳垂的纽扣式耳环。选择吊坠耳环时，吊坠长度不能超过1.5厘米。类似水滴形状的细长耳环也可以佩戴，可以在视觉上拉长脖子。

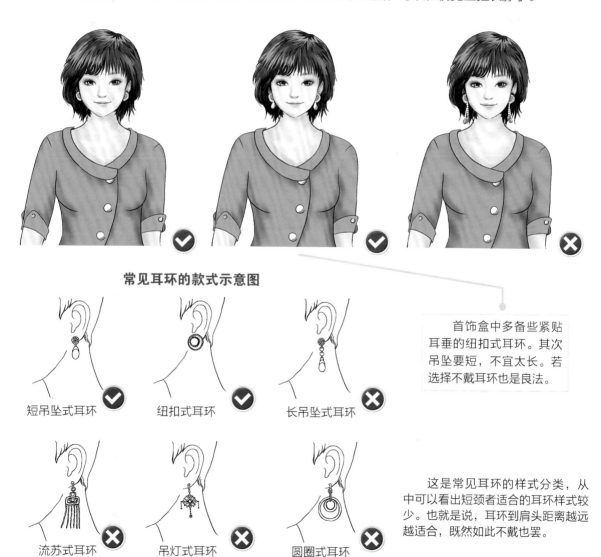

**常见耳环的款式示意图**

短吊坠式耳环 ✔　纽扣式耳环 ✔　长吊坠式耳环 ✘

流苏式耳环 ✘　吊灯式耳环 ✘　圆圈式耳环 ✘

首饰盒中多备些紧贴耳垂的纽扣式耳环。其次吊坠要短，不宜太长。若选择不戴耳环也是良法。

这是常见耳环的样式分类，从中可以看出短颈者适合的耳环样式较少。也就是说，耳环到肩头距离越远越适合，既然如此不戴也罢。

# ★短颈者的衣饰建议 06

不填充肩部（选择肩部简单自然的款式，不要有额外的装饰物，一定不能有垫肩）。

除了领子款式方面的建议，你也可以通过降低肩的高度来拉长脖子，达到声东击西的目的。肩上的额外装饰物，如肩襻（肩章）、花边、荷叶边、褶皱、大领子、厚领子等也会填充肩部，缩短颈部。如果你的脖子不够长，又有些端肩，那么这条建议尤其重要！

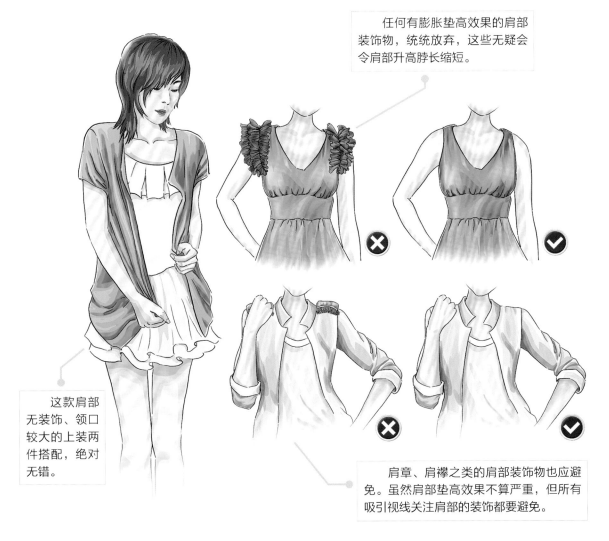

任何有膨胀垫高效果的肩部装饰物，统统放弃，这些无疑会令肩部升高脖长缩短。

这款肩部无装饰、领口较大的上装两件搭配，绝对无错。

肩章、肩襻之类的肩部装饰物也应避免。虽然肩部垫高效果不算严重，但所有吸引视线关注肩部的装饰都要避免。

## ★短颈者的衣饰建议 07

适合短发和盘发（头发越短展示脖子的空间就越大）。

发型与颈部邻近，适当的发型也有助于拉长颈项的视错效果。短颈者可选择的发型有：齐耳的短发，短的直发或者向上弯曲的卷发，从肩两侧顺垂而下的齐肩直发，露出脖子的高耸盘发，梳到后面的马尾辫或独发辫。

# B 修饰长颈的穿着建议

## ★长颈者的衣饰建议 01

领口越小越好（领口不宜开太大，否则脖子看起来太长）。

**常见领口的款式示意图**

长颈者的穿衣方法刚好与短颈者相反，领口太大或开口太低都不适合。但领口太小会显得古板拘谨，尤其炎热的夏季显得不应季。如果你有齐肩或过肩的长发就ok了，领口开大也无所谓了。更全面的建议是：短发、盘发的长颈美女不适合穿大领口服装。

"长颈者适合穿所有的领口"。图示中标"×"的领口也不是绝对不能穿，而是要小心穿，大领口留出的空旷脖间要添加项链、丝巾之类的装饰。

## ★ 长颈者的衣饰建议 02

厚面料装饰脖子（秋冬季一些服装的面料较厚重，制成的领子也会有一定的厚度，正好缩短你的长脖子）。

除了厚领子，围巾也可以选用羊绒、皮毛类。搭配漂亮的围巾时，还可以多围裹几圈，谁让咱脖子有地儿呢！同时脖子上还可以尽情混搭，比如，让几件服装在脖子上形成多层次的领子装饰。

这款用来御寒抗风的外套，面料又厚又硬，厚面料制成的领子非常挺括有型，可垫高肩部达到缩短脖长的目的。

### 常见堆砌的领子款式示意图

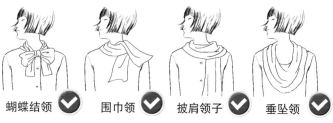

蝴蝶结领 ✓　　围巾领 ✓　　披肩领子 ✓　　垂坠领 ✓

大量面料堆砌形成的褶皱领子，会比较厚实，非常适合缩短长颈。

羊毛类围巾，蓬松又有厚度，在脖间可以多围几圈，不必担心变成短脖。

皮毛类的领子冬季最常见，很适合长颈者穿着。

衬衫领＋丝巾蝴蝶结＋西服领，脖子的层次真不少，这种多件服装混搭在脖间形成的层层叠叠的效果也很适合。

# ★长颈者的衣饰建议 03

穿有领座或高领座的服装（多穿有领子的，尤其有高领座领子的服装）。

标准脖长及长脖子的女性如何将普通衬衫和马球衫（Polo衫）穿出特色?

**常见领子的款式示意图**

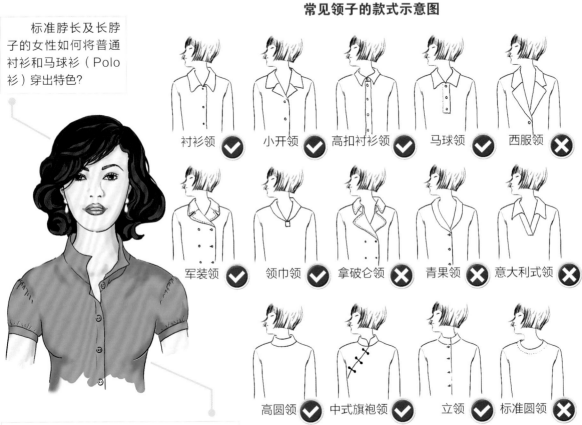

纽扣全部系上最佳，也可以解开第一粒扣的同时将领子竖起（有加高领座的功效），既可以修饰长脖又显洒脱帅气！如果自身有优雅温婉的特质，可以在解开第一粒扣后，系一条丝巾或者搭配一条粗款式的贴颈项链。

我们看到图示中有打"×"的领型，只要在露脖的位置添加项链、丝巾或打底衫（领口不低于锁骨下2厘米），即可以穿着，所以长颈者比短颈者更有优势，可以轻松驾驭所有的领型。

　　凡是有领座的服装一定缝合了领子，而不是平平的领口。长脖颈者可以尽情穿有领子的服装，领子越高越好（领子越高领座也会越高）。能将高衣领和中式旗袍穿出优雅风韵的，非长颈者莫属。冬季可以穿各种高领，既保暖也漂亮。

无论哪个季节，长颈者衣着的领子都是越高越好。

所有的立领都很适合长颈者穿着，中式旗袍的立领越高越好。

如果买到的服装领口太大不适合，可以在颈间搭配丝巾或是戴项链填充颈部过长的空间。若领口太深太大，还可以露出打底衫（或吊带）。

# ★长颈者的衣饰建议 04

佩戴复杂多层的项链或贴颈的宽项链（选择设计复杂、多层次的，或宽或粗的，造型夸张的）。

被首饰公司相中的项链模特都是和你一样的长颈体形。只有脖子够长，首饰设计师才有设计的空间，尽情创造出各种复杂多变的新款项链，每一款都适合你哦！如果只戴一条细细的项链，怎么体现长脖子的优势呢？不如戴个十条八条的。放心，长脖子的你适合复杂多层的粗项链。

长脖子适合戴项链，任何款式都行。款式越复杂、越宽大，或越多层次，就越好。图中标"×"的样式不能选太纤细的款式，要选宽大或层次多的。

**常见项链的款式示意图**

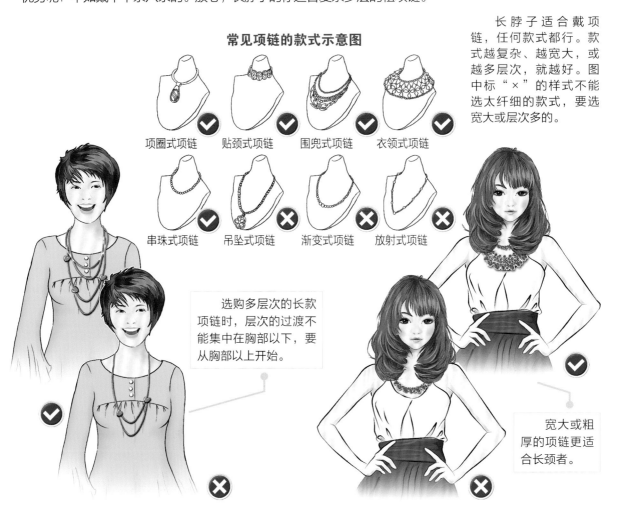

项圈式项链　贴颈式项链　围兜式项链　衣领式项链

串珠式项链　吊坠式项链　渐变式项链　放射式项链

选购多层次的长款项链时，层次的过渡不能集中在胸部以下，要从胸部以上开始。

宽大或粗厚的项链更适合长颈者。

## ★长颈者的衣饰建议 05

适合佩戴所有的耳环（只要戴上耳环就会缩短脖长，所以适合戴耳环，当然越长越好）。

最适合佩戴宽大的吊坠耳环，如：圆形金属大耳环、三角形耳环、上窄下宽的梯形耳环。注意：特别纤细的长耳环不适合长颈美女！

**常见耳环的款式示意图**

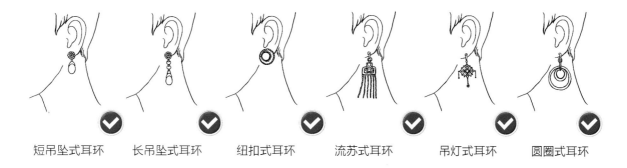

| 短吊坠式耳环 | 长吊坠式耳环 | 纽扣式耳环 | 流苏式耳环 | 吊灯式耳环 | 圆圈式耳环 |

长颈者不仅适合戴项链，还适合戴耳环，耳环越大越好，越长越好。

# ★长颈者的衣饰建议 06

装饰肩部（穿肩部有装饰物的服装，缩短颈部距离）。

肩部装饰物可以垫高肩线，缩短肩与头之间的颈部距离。长颈的朋友都可以尽情地装点或填充肩部啦！出众的肩部设计会让你的服装更出彩！帅气十足的耸肩装，那高耸的肩部像中国古建筑的飞檐造型，长颈美女不容错过！一些盖在肩上的大领也是很好的肩部填充物。

一些帅气的肩章类装饰是从军装的元素中借鉴过来的，这些肩章、肩襻、肩花等元素都是很好的选择。

**常见大领子的款式示意图**

大方领 ✔　　海军领 ✔

宽西服领 ✔　　花边领 ✔

泡泡袖和大领子都会填充肩部。

花边、褶皱装饰的肩头会有垫高肩部的效果。

凡是填充了垫肩的厚肩服装都适合，这是一款由垫肩填充出的耸肩造型，肩部高耸缩短了长脖。

## ★ 长颈者的衣饰建议 07

留长发（适合留长发，越长越好）。

过肩的长发，有蓬松度的长卷发很适合，如果将长发自然垂落在胸前会更完美！因为胸前的长发会帮你掩饰长脖。

# 03

# 最影响气质的线条

## ——肩部

  当我们夸奖一个人身材好的时候，常会说她是"天生的衣服架子"。衣架子什么样，一横一竖就能撑起衣服，不是吗？"一竖"代表身高，那"一横"就是肩部，它是体现女性气质的重要部位，我们判断一个人的风格是柔美还是硬朗，是纤巧还是夸张，单从肩部就可看出一二。

  20世纪八九十年代，全世界的女性服装突然出现了"垫肩热"，不管衬衫、外套、制服还是大衣，统统加上厚重的垫肩。从历史的角度来看，因为"二战"后科技的进步激发了经济的活跃，人们的思想也更加开放，越来越多的女性开始担当重要的工作，迫切需要改变形象，于是乎垫肩大行其道——它第一时间表达了女性与男性在社会角色上的平等。圆润侧溜的肩型被垫平加宽，女性特有的曲线被男性化的直线取代，服装中大量的直线传递出女性的力量感，表现出前所未有的职业气息和女权地位，因此受到世界各地女性的欢迎。

  咄咄逼人的夸张大垫肩已淡出了人们的视野，但设计师从来没有停止过在肩部大做文章。由2011开启的"新十年"，时尚T台上超模们又匆匆穿起30年前尘封在记忆中的厚肩服装，但此时的厚肩从造型到材质已然注入了全新的元素！肩部的设计，通过面料的质感、褶皱的设计、铆钉、水晶肩章、立体花朵等元素的运用，体现出现代女性在拥有足够的自信后散发出的硬朗与帅气。

  肩部的体征有窄肩、宽肩、溜肩、端肩（耸肩）、标准肩五种情况。窄肩，指肩的宽度比臀部宽度要窄；宽肩，指肩部是整个身体的最宽处；溜肩，指肩向两侧倾斜的角度大于15°（肩部两侧通常会下溜15°）；端肩，指肩部线条平直，两侧倾斜的角度小于10°，没有明显的侧溜现象——由于东方人的体形较窄，端肩看起来会有耸肩（挑肩）的感觉。

肩型自测图例：

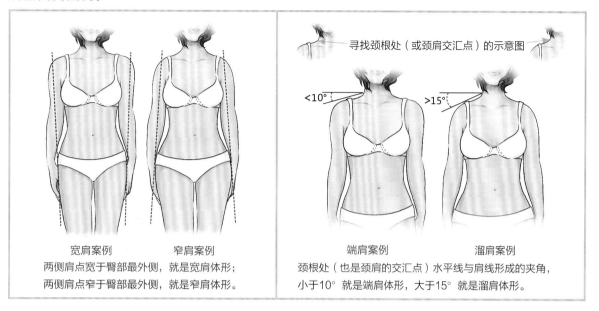

寻找颈根处（或颈肩交汇点）的示意图

<10°          >15°

宽肩案例          窄肩案例
两侧肩点宽于臀部最外侧，就是宽肩体形；
两侧肩点窄于臀部最外侧，就是窄肩体形。

端肩案例          溜肩案例
颈根处（也是颈肩的交汇点）水平线与肩线形成的夹角，
小于10°就是端肩体形，大于15°就是溜肩体形。

　　通常，多数溜肩者一定还伴随有窄肩、长脖的体形现状，而宽肩者大多端肩且脖子短。如何确定你究竟是哪种肩型，还需要参考上面的案例图片，对号入座。

　　前文中讲到"溜肩者多半会肩窄，端肩者同时会肩宽"，当然，人体不是固定几个模子就能复制出来的，体形的现象也不是绝对，也有溜肩但肩不窄、肩平但肩不宽的个案存在，只是为数不多。

　　我用了很多年时间研究穿衣的学问，在研究到肩部问题时，需要寻找溜肩但肩并不窄小的案例，几经周折还是案例稀缺。一天我吃惊地发现原来妹妹就是，真是"远在天边近在眼前"！妹妹从小穿衣确实奇怪，我们的肩宽差不多，但我穿着显小的衣服，她却撑不起来，必须按自己的身形买新衣服。现在终于明白，妹妹与我的穿衣差异就在肩型，我的肩微微有些平直，而她虽说肩宽与我相差不多，但溜肩情况比较严重，衣服上身后总是松松垮垮。心灵手巧的妹妹这些年总结了很多只属于自己的穿衣哲学，而我仔细研究后发现，溜肩与窄肩的穿衣要领其实一样。

　　之所以溜肩与窄肩在穿着建议上一致，是因为它们的问题都出在一个地方——肩头。知道了这个关键词，你就能很快明白，宽肩与端肩也是同一个解决方案！

# A 使溜肩变直、窄肩变宽的穿着建议

## ★ 溜肩或窄肩者的衣饰建议 01

肩部增加装饰，臀部减少装饰（在肩头的位置增加装饰元素，可以填充下滑和窄小的肩型，在臀部应无装饰，衬托垫宽填平的肩型）。

填充海绵垫肩、穿泡泡袖，或添加肩章、立体的花朵造型、大而厚的领子，都可以填充肩部。一些肩部附近的图案、绣花，镶嵌的包边、蕾丝、荷叶边等元素，也可以轻松改变肩部的下滑和窄小，使肩部与臀部产生视觉等宽的效果。因为肩窄显臀宽，所以同时应注意下装在臀部的位置要合体，尽可能不要额外添加装饰物，下装款式越简单越好。

小贴士 +

如果你的体形特殊，不仅溜肩而且还脖子短，可以在肩部有少量的装饰，例如：薄薄的垫肩，微微的泡泡袖。

亲切可人的泡泡袖永远让人着迷，夏季可以穿泡泡短袖，冬季穿泡泡长袖，总之四季皆宜。
溜肩但脖子不短的朋友可以留长发，有利于掩饰肩部，头发的长度应与图中模特一样或更长。

无袖服装在腋上位置的荷叶花边装饰有效地修正了肩型。溜肩且手臂粗的朋友不应穿这类无袖的服装。

肩头的花朵装饰恰到好处地垫高了溜肩。
上衣服装中任何肩头的装饰物都可以替换本图中的花朵，用以弥补窄肩的不足。

隐藏在服装里的垫肩当然也是最实用的选择。

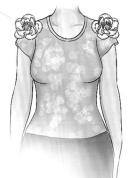

有军人气质的肩章类装饰，也是很好的肩部填充物。

夏季穿轻薄面料的衣服时，为了能让肩部装饰物有更好的填充效果，面料一定要有硬挺度，或者肩部的装饰物质地硬挺有型。溜肩且手臂粗的朋友适合这样的长袖款式。

窄肩适合穿大领子的服装，大大的领子轻轻地覆盖在窄小的肩上，掩饰得毫无痕迹。

领子大到肩部或者超过肩部都适合。大领衫也是夏季穿衣的绝佳选择。

一些突出肩部的图案和镶嵌的铆钉、亮片、珠宝装饰，也会有一定的肩部修正效果。

长袖比短袖更适合溜肩且粗臂的朋友。

在秋冬季节很容易买到雍容华贵的皮草类大毛领，宽大而厚实地填满了肩部。

这件polo衫的袖口窄小合体，如果袖口再宽大些，并向左右两边裂开，对修正窄肩也会有好的效果。

还要观察，您采购到的半袖的袖口是水平线还是斜线，水平线会显手臂粗，斜线会显手臂细。这件蓝色袖口是斜线，有改善粗手臂的额外效果。

无论是水平线还是斜线，都会有加宽肩部改善窄肩的良好效果。

春秋季的大领风衣，若是遇到肩部还有肩襻（或肩章）装饰的款式，就毫不犹豫地买回家吧！因为肩部装饰对你而言多多益善！

不要忘了我们之前讲过的"视错"，图中蓝色Polo衫袖口的白色条就非常巧妙地利用视错填充并加宽了肩部。

穿Polo衫时，请选择近似90度的方领尖，下装的款式要简洁，以便突出领子和肩部的装饰。

小贴士✚

## ★ 溜肩或窄肩者的衣饰建议 02

上浅下深、上花下单（浅色用在上装，深色用在下装；花色图案的面料穿在上半身，下半身用单一色）。

上浅下深和上花下单的穿着目的，都是为了使胸部以上成为设计重点，强调上衣、弱化下装，多穿能增加上衣膨胀感的服装，减弱下装的设计。

衣服的色彩搭配要"上浅下深"，浅色上衣会有扩张感，可以丰满肩部，完美获得上下身的平衡。

还可以多增加胸部以上的装饰设计。例如胸花、花卉图案、蕾丝花边、绣花、荷叶边等。

同时利用面料的褶皱处理和丝带装饰形成看点，让大家的目光关注上身，忽略或遗忘下身。

"上浅下深"也可以换成"外浅内深"的搭配方案，丰满了肩部和整个上半身。

"上花下单"是指上衣是花色图案，下身则是一种单色。这样的搭配可以增加上身的膨胀感以填充窄小的肩部。豹纹上衣也可以换成花卉、几何、卡通等其他图案。

75

## ★溜肩或窄肩者的衣饰建议 03

胸部以上一字形设计（服装在胸部以上有"一字形"的图案或剪裁）。

"一字形"也可以理解为水平走向的线条，可以形成视错，纠正斜肩，能平衡肩部下滑的线条，并加宽肩部。

任何形式的肩部水平线装饰图案都适合穿着。

肩部水平横线的蕾丝花边装饰，能平衡溜肩、扩张窄肩。

胸前鲜明的横线有效地加宽了肩部线条。

本款服装的塑形重点在肩部缝合的插片设计，塑形的剪裁是水平直线走向，远看肩部是一字形，可以平衡窄小的肩部。

插肩剪裁很常见，还常出现在衬衫、连衣裙、风衣、夹克、外套上，或许您买到的肩部插片是用漂亮花布装点的呢。

胸前鲜明的横线，直接而有效地改善了窄肩。这给我们更多的启迪是：胸部以上只要是横线，无论粗细、长短都有很好的可穿性。

例如：胸部有口袋的服装也适合，因为两个口袋呼应连接成一字形。

船形领口也属于一字形走向，包括斜裁的船形领。

逐渐放大的V字形可以形成视错，肩部仿佛变得宽阔了。

能包裹住整个肩部的一字形大翻领，也是很好的选择。冬装，用毛绒面料装饰，肩部会更饱满。通常袖口也会用毛绒装饰呼应，注意不宜太宽以免累赘，没有其实更好！

充满膨胀感的大荷叶领，令窄小下滑的肩型变得平直挺括，胸部以下依旧保持简洁的设计。

领子与肩合二为一的包裹式外套，宽宽的一字形插片包裹了整个肩部，很好地掩饰了溜肩。

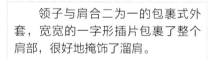

溜肩短颈体形在参考以上建议时，要注意：一字领和船形领并不适合，其他的建议都可以采纳。

小贴士✚

# B 使宽肩变窄、端肩变平的穿着建议

## ★ 宽肩或端肩者的衣饰建议 01

无肩缝设计（在服装中没有连接袖子与肩部的垂直缝合线，这就是无肩缝设计）。

没有肩缝的服装，可以很好地淡化视线对肩部的关注，肩部的其他装饰也要舍去，款式越简单越好。

肩缝是指袖子与肩部连接处的垂直缝合线，无肩缝的服装没有这条缝合线。

通常无肩缝的服装，袖子和肩部的缝合线会改道，插肩袖是最常见的肩缝改变，可以很好地削弱肩宽。

袖型宽大的蝙蝠衫，大多没有肩缝设计，也是宽肩朋友的最佳选择。

披肩式上衣也属于无肩缝的款式。

连袖衫，是一种肩缝改道形成的无肩缝服装。肩缝改在袖子的两侧，缝合线从颈部到袖口，一泻而下，完美掩饰宽肩。这种款型在中式服装中很常见。

在春夏季，无肩部设计的服装是首选。无肩无袖的吊带衫，八字形吊带设计，可以削弱肩部的宽度。裤装穿肥大款，再配合口袋等装饰，令臀部丰满，有助于削弱肩宽。

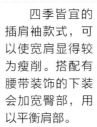

四季皆宜的插肩袖款式，可以使宽肩显得较为瘦削。搭配有腰带装饰的下装会加宽臀部，用以平衡肩部。

## ★ 宽肩或端肩者的衣饰建议 02

不穿齐肩或过肩大领的衣服。领子不宜太大，宜控制在脖子与肩点之间。

超过肩的大领（或大领口）衣服不适合宽肩或端肩的人，与肩膀同等大小的领子（或大领口）也不适合。领子以在脖根与肩点之间最佳。

选择领型大小的关键：领口宽不能超过肩宽的2/3。这款瘦长的青果领，可以拉瘦上身。端肩者大多脖子偏短，所以领口要尽可能开低些。

可以穿着方领、长椭圆领、上窄下宽的梯形领，领口不宜太宽。例如砖形小方领、Polo衫领、小西服翻领等等。

外套、风衣或大衣的肩部不要有肩襻或者纽扣等装饰物，依然是老规矩——肩部越简单越好。买到插肩袖款最好，买不到时，穿普通的肩缝款（上下垂直袖线）也没问题，关键是不要肩部装饰物。

宽肩的朋友轻易不要尝试穿着大V领，V领有左右延长扩展的视错，会令你的肩部更宽阔。将标准方领的底边改成V字形的"长V形领"，更适合你。

细长的尖领，可以拉长上身，尤其能使肩部"瘦身"，令结实的宽肩变瘦变窄。

79

# ★宽肩或端肩者的衣饰建议 03

臀大则肩小（用装饰物丰满臀部，不装饰肩部和大臂）。

肩会显宽是因为和臀部做了比较，要记住，臀大则肩小。臀与肩的宽窄是相对的，所以应强调下身弱化上身，尤其应把腰部以下和臀部作为设计重点。多穿能增加下身膨胀感的服装，下装装饰设计相对丰富些。衣摆宽松、肥大的下装，A字裙，都可以丰臀。肩部和上臂的款式越简单越好，不穿泡泡袖、宽大的半袖、有肩章或垫肩等设计的衣服。总之，通过加宽臀部形成肩与臀等宽的平衡感。

下装选择有厚度或有硬挺度的面料，这样的裙子有较好的蓬松度，自然也会为臀部增肥。
臀部用荷叶褶皱装饰再添丰满感，实现臀大则肩小的效果。

上身选择深色穿着，可以削弱结实的肩膀，下装搭配花裙子或花裤子，增加了下身的丰满感。

鲜明的白色横线有效地加宽了臀部，横线还可以多一些或者用绣花、花边等装饰。也可以选择颜色鲜艳的松紧口装饰。

宽肩者适合穿垂直走向的领口，瘦长的深V领很适合。瘦长的青果领有拉瘦上身使肩部显窄的效果，上身瘦长自然，衣摆加上厚重的毛绒面料包边，加重臀部的宽度。袖口的毛绒面料包边也很重要，可以再次加强臀部的丰满感。

露肩装可参考这款细吊带裙——上身款式简单，下身用丰满的荷叶层叠装饰，既有鲜明的设计感，又可以平衡肩部，使肩部显得漂亮有型。对宽肩或端肩美女来说，有袖上装的袖长至少到肘关节处才好，袖口宽大的半袖衫不适合。

　　多数情况下，宽肩或端肩者不适合穿有垫肩的服装，但下面这款垫肩高耸的服装却另当别论。这款服装有肩缝，但是不在传统的位置（肩点处），而是改道内移在肩窝处（穿吊带的位置），直接将肩的宽度变窄，所以即使填充了垫肩，宽肩也不明显。这款高耸的垫肩很提气，还不显肩宽，但短颈者不宜穿着。

这款垫肩服装与众不同，肩缝不在肩点，内移到肩窝处（肩点用★标识）。使肩部不显宽大，很适合宽肩者。

这是一款传统垫肩服装，肩缝在肩点（肩点用★标识），使肩部宽大，不适合宽肩者。

　　结合大量的插图，我向不同体形特征的朋友们提出了不同的款式建议，相信正在阅读本书的朋友们已经对"溜窄肩"和"平宽肩"体形该怎么穿衣有了很深刻的了解。如果你依然还有困惑，那是因为你的肩型相当标准，既非溜（窄）肩，也非平（宽）肩，那么我的建议是，想怎么穿就怎么穿，谁让你拥有如此完美的肩型呢！本文中适合宽肩的服装，你穿起来会微微显溜肩，看起来谦逊而亲和；那些适合窄肩的款式，你穿起来会略显平肩，看起来英武帅气——perfect，完美！

# 最性感的线条

## ——平胸VS大胸

以乳房大小来评论女性美曾被认为是对女性的物化，现在则有人说"潮死胸小的，俗死胸大的"，同时也有人说"无胸无能，有沟必火"。其实胸大胸小，各有千秋。

平胸女人拥有的是别样美丽，没必要因此苦恼。平胸，又称小胸，是指平坦的乳房：A罩杯或以下的女性乳房。对比"太平公主"的苦恼，大胸的苦恼却鲜为人知，胸部是越丰满越好吗？其实不然，过大的胸部，常常买不到舒适合体的文胸；身材明明不算很胖，却因为胸部的尺寸过大，不得不穿很肥大的衣服才能系上胸前的那粒纽扣；同时大胸也很容易让上半身显胖。

在体形的各部位中，胸部类型的认定最为简单。胸部类型无非平胸（小胸）、大胸、标准胸三种情况，通常穿着A罩杯或A罩杯以下的朋友可以归入平胸（小胸）体形特征，穿着C罩杯或者C罩杯以上的朋友都是大胸体形特征。你只需要查看一下衣橱中的文胸尺码就可以了，当然不要只看一件就急着下定义，多看几件，或者在商场购买文胸时询问导购员便知。在服装行业中，胸衣版型师的薪资相当高。因为复杂多变的女性内衣不仅需要严丝合缝的贴身剪裁，还要有绝对的穿着舒适度，每一款文胸的版型至关重要，所以胸衣厂商早已给你分好类型。

其实，真正拥有标准胸部的人是很少的。大多数人要怎样才能不开刀不吃药，摆脱平胸或大胸烦恼呢？最简单的方法就是学会针对不同胸型的正确穿衣法。

# A 令平胸变丰满的穿着建议

## ★平胸者的衣饰建议 01

装饰胸部（在胸部缀满装饰的款式设计）。

例如：装饰在胸前的褶皱、蕾丝、花边、蝴蝶结、图案、镶嵌的珠宝装饰、贴口袋或者贴近胸前的荷叶边领子等等。总之，任何在胸前凸起的装饰物都有丰胸效果。

荷叶边的装饰在女装中相当常见，如果用在胸部位置就一定适合平胸的朋友穿着。

胸口袋和纽扣都会很好地充实胸部。束紧的腰带也会为胸部凸起锦上添花。

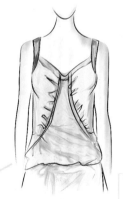

夏季越穿越少，即使穿裸露较多的吊带衫，也忌讳胸前款式太简单，丰富的装饰和抽褶装饰会让胸部显得不平坦。

买 T 恤衫时，胸前印有各种花纹图案或英文字母的都是丰胸款式。记得别买太肥大的，合体才会显胸。

胸前的褶皱有助于凸显胸部曲线，无论是大褶件还是小碎褶都是越多越好。

适合穿各种图案花色的服装，如果是圆点图案或优美的曲线图案更有出色的丰满效果。

## ★平胸者的衣饰建议 02

上身层叠搭配（上衣多件层叠搭配，增加衣服与身体之间的空间）。

多层次的上装搭配，可以从视觉显得上身宽松丰满，同时还能实现干扰视觉的目的。时下流行的层叠穿着方式就很适合，这种层叠穿法可以实现夏衣冬穿、内衣外穿，上衣一定要超过两件以上，不仅是多穿几件，而是件件都让人能看得到，总之穿着效果是里三层外三层。平胸者要避免只穿单件紧身衣或者裹身的服装。

长款打底衫+短外套，这样的搭配方式时下最盛行，不妨穿来试试，一样有丰胸效果。
记得短外套的纽扣只系胸部以下的或者不系，因为衣角越外翘，胸部的空间就会越大，丰满度也越高。

西服背心+西服外套+翻领西服，这样胸部的服装就已经有三层厚了，填充出丰满感绝对没问题！

搭配披肩可以增加厚度，同时还可以成功地掩饰胸、肩、臂三处的任何缺点，准备一件吧，很实用的！

项链+深色打底吊带衫+浅色吊带裙，层层叠叠地分散了对胸部的关注。

白色打底衫+黑色开衫+丝巾，这三件元素都能够在胸部叠加出足够的厚度和蓬松度。

# ★ 平胸者的衣饰建议 03

腰细则胸大（穿收腰和束腰的服装，S形曲线服装多是细腰款式，腰细会凸显胸大）。

服装中有胸褶或腰褶的款式，收腰效果较好，比如公主线剪裁的裙装，有助于塑造女性动人的曲线魅力。色调淡雅的上衣既可以丰满上身，也可以增加曲线，是夏季上好的选择。松松垮垮的宽大服装会淹没胸部使其更平坦，不过，只要在腰间系一条腰带，束出腰形即可。

这条裙子的款式宽松舒适，添加腰带，凸显女性的曲线，其中最重要作用是凸显了胸部的"高度"。

腰褶：用于塑造腰部立体感的折件缝合线。

胸褶：用于塑造胸部立体感的折件缝合线。

有收腰剪裁的服装，容易展现出女性曲线美，领子的褶皱设计更添丰满度。

用有硬挺度的面料制作的服装会比较膨胀有型，对塑造胸部的凸起大有作用，再配合细腰的款式设计，是瘦人的完美选择！

宽松服装的腰间有一条抽带，可以抽动带子，自由调节束腰的松紧程度，腰间产生的褶皱可以令胸部丰满。

穿紧腰口的短裙，并将上衣掖在裙子里。

## ★ 平胸者的衣饰建议 04

穿粗纺面料（选用蓬松厚实的粗纺面料，会增加丰满感）。

一些毛绒类面料、布满褶皱的面料、厚牛仔布、粗线镂空花纹面料、粗纺亚麻面料、粗纺呢、雪花呢等厚面料，会穿出丰满感，这些面料只在胸前使用或者整件服装使用均可。棒针毛衣、长绒毛衣、粗线钩针服装，也有同样的效果。

厚质地的围巾或皮草围巾都会显丰满。

皮毛面料是寒潮天气下时髦女生的最爱，毛茸茸的蓬松度最显丰满，镶嵌在胸部即能修正体型的不足，又彰显奢华和性感。

香奈儿常用的粗纺格呢面料和胸口袋的装饰，都是很好的丰胸款式。

粗线的针织衫一样会穿出丰满效果。

粗纺花呢面料是秋冬季外套的首选，因为这类面料有足够的蓬松度，所以服装版型是合体款还是宽松款，都无所谓。

棒针毛衫的用线较粗，纹理凹凸感强烈，令胸部不平坦。

★ 平胸者的衣饰建议 05

搭配多层长项链（最好佩戴长至胸部的项链，款式层叠越多越好）。

女人的魅力少不了胸前美丽项链的装点，现在就来说说平胸者该佩戴什么样式的项链。多戴几条项链，一定会制造出混搭天后级的魅力形象；项链的长度控制在能装饰到胸部为佳；短款项链虽然没有丰胸功效，但是能起到转移视线的作用，所以一样美丽。

即使佩戴单层的长项链，也比不戴要好。

也可以将两到三条单独的长项链混搭在一起，注意在色彩或材质上有呼应的才适合混搭，否则会显得怪异。

韩版长项链中会添加丝带、蕾丝花边或者绢花等元素，俏丽可爱，适合佩戴。

长款的毛衣项链很适合，长至胸部或者胸部以下最佳。

长度在胸部以上的短款项链，也要尽量选择多层装饰的复杂款式。

★ 平胸者的衣饰建议 06

选择加厚款文胸，直接将胸部垫高。

直接用加垫的文胸来弥补胸部的缺陷，这条建议执行起来最简单，文胸店里的专业导购会给你一对一的采购指导，这里不必细说。

# B 掩饰太过丰满大胸的穿着建议

## ★大胸者的衣饰建议 01

胸部款式简单，面料平整精细。胸前不宜有任何装饰，力求简单，精纺的面料穿起来平整，忌讳紧裹身体。

服装款式在胸部以上的装饰元素减少（包括花纹图案），保持简洁清爽的风格。服装在上半身保持微微的宽松度，既不能用弹力面料紧裹身体，也不穿过于宽松肥大的服装。精纺面料比较薄，看起来精致细密，穿起来平整干净，有助于削弱大胸的丰满感，例如：精纺毛衣、精梳羊毛面料、细羊绒面料、精纺高支棉、精纺丝绸、精纺呢等等。忌穿弹力面料、紧身衣或花上衣。

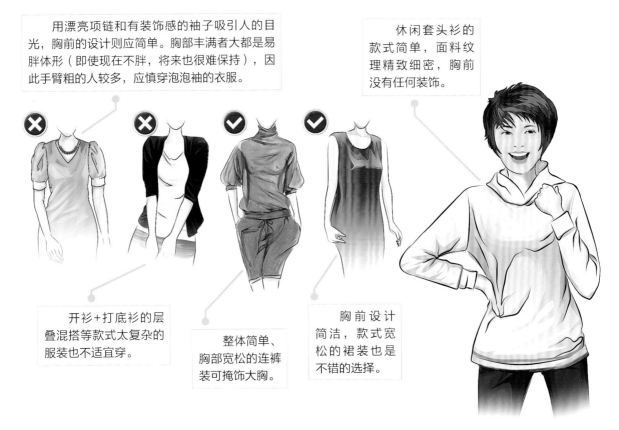

用漂亮项链和有装饰感的袖子吸引人的目光，胸前的设计则应简单。胸部丰满者大都是易胖体形（即使现在不胖，将来也很难保持），因此手臂粗的人较多，应慎穿泡泡袖的衣服。

休闲套头衫的款式简单，面料纹理精致细密，胸前没有任何装饰。

开衫+打底衫的层叠混搭等款式太复杂的服装也不适宜穿。

整体简单、胸部宽松的连裤装可掩饰大胸。

胸前设计简洁，款式宽松的裙装也是不错的选择。

## ★大胸者的衣饰建议 02

穿竖线服装（款式在前胸多用竖线条，或尖领的服装）。

因为丰满的大胸会增加的身体宽度，所以应让视线拉长。参照第1章变瘦变高的竖线条视错，其中的竖线条款式在此处全部适合。例如：竖条图案的服装、前开襟服装、衬衫领服装。尖领子的服装也能起到竖线拉长的效果，而且领子距离胸部很近，所以这一招也很有效。

前衣襟上竖排的纽扣（换成竖长的拉链也一样）或是异色包边装饰都是竖线条。

色彩鲜明的包边领、长长的包边线可以拉长拉瘦胸部。

搭配长丝巾也会产生竖线条，既可以掩饰大胸，又可以拉长整个身体。夏季也可戴透明的薄纱丝巾。

开衫或外套不系扣，并与内搭的服装色彩深浅不一样，这会产生强烈的对比线，使整个身体显瘦的同时也可以掩饰胸部。

不同色彩的面料在服装中的拼接镶嵌制作，或者垂坠的任何装饰物，只要是竖线方向的设计就很适合。

## ★大胸者的衣饰建议 03

不穿短上衣（款式简洁宽松，宽身束腰或者上宽下窄的服装比短款上衣更适合）。

上衣的长度要至臀部，衣长在臀部以下的外套或风衣也可以，这些款式能很好地遮盖胸部的丰满程度。避免穿着高领或者高腰散摆类似朝鲜族的裙装。切记本条建议中提倡服装宽松，但绝不是宽大，适当的束腰也是需要的。

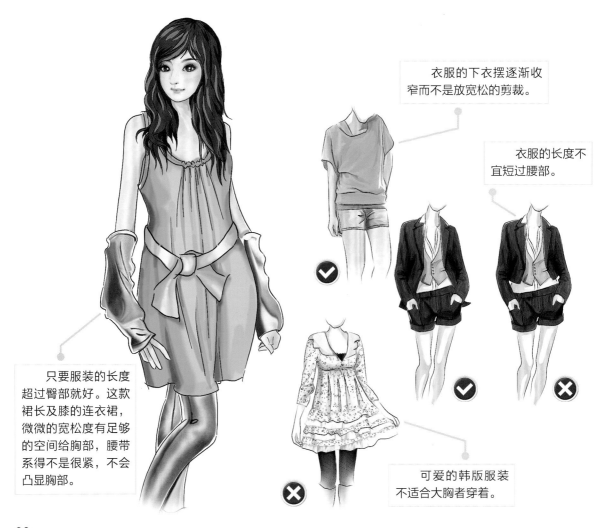

衣服的下衣摆逐渐收窄而不是放宽松的剪裁。

衣服的长度不宜短过腰部。

只要服装的长度超过臀部就好。这款裙长及膝的连衣裙，微微的宽松度有足够的空间给胸部，腰带系得不是很紧，不会凸显胸部。

可爱的韩版服装不适合大胸者穿着。

## ★大胸者的衣饰建议 04

穿V领和H形服装（V领会拉瘦胸部，同时H形服装不束腰可以掩饰大胸，也是衣橱的必备）。

穿大领子或大领口的衣服时，要空出脖子到锁骨的位置，这样可以弱化胸大的问题，同时应避免胸前有大口袋的设计。

深V领的服装很适合为胸部减肥。同时注意，衣长不能太短，收腰不能太紧。

这款H形大领口的裙装是不错的选择。不胖的大胸体形还可以穿有图案的面料，如胖则应选单色。

胸大者多体胖，花卉图案的裙装要少穿，一定要穿时在外面加一件单色外套即可瘦身缩胸。

无收腰的H形大衣外套，这个款式领口较小，适合脖子不算短的大胸体形者穿着。

微微宽松的H形服装能掩饰大胸，如果体形不是很胖，穿横条纹的图案也不必担心。

## ★大胸者的衣饰建议 05

加垫肩（上衣内部添加自然雅致的垫肩）。

填充肩部可以让胸部看起来更有型，以达到视觉的平衡。还有大翻领，能有效地遮盖大胸。但是伴有宽肩的大胸体形须慎用此建议。

大领子有填充肩部的效果，一样可以平衡视觉，削弱胸部的高度。

肩部的垫肩可以含蓄优雅地弱化胸部的丰满度。

西服外套多半有垫肩设计，这样很容易塑造肩部的款型。

天气变冷后，许多服装的领子会有皮毛装点，蓬松厚实的大毛领填充了肩部，削弱了胸部的"雄伟"。

## ★大胸者的衣饰建议 06

戴吊坠项链。（戴有吊坠的V字形和Y字形竖长款项链，款式简洁，色彩鲜明。）

胸前的项链不能没有，有吊坠的V形和Y形项链就很适合。因为长项链本身就是很好的竖线条，简洁鲜明的搭配一定能吸引眼球，转移对胸部的关注。

 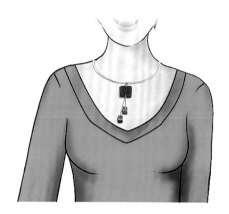

此款首饰的大小更适合小胸　　　　　　　　此款首饰的大小更适合大胸

## ★大胸者的衣饰建议 07

必须选择塑形效果好的优质文胸。

选择有钢托的和使用上好面料的文胸，面料的透气性和弹性都要好，文胸的投资不能省。

# 纤纤玉臂有秘密

## ——蝴蝶臂VS竹竿臂

夏日里一次难得的聚会，我见到了一位远居新疆的老友。久别重逢少不了激动和拥抱，寒暄时也不忘从头到脚地仔细打量。十年不见，虽然老友已经奔四但是貌美依旧，我禁不住啧啧赞叹！老友不好意思地说："身材走样了！""确实微微胖了些，但是胖得刚刚好，更添成熟女人的风韵。"我用欣赏的口吻回应。老友侧过身去抬起手臂，掀起上衣袖口："喏！看看这大臂的赘肉，岁月不饶人，不承认不行喔！"

哦！真的，上臂比下臂整整粗了两倍不止，这么完美的身材竟然隐藏着如此丰厚的赘肉，而且单单只有大臂！老友接着颇有心得地分享道："女人一过四十，肚子、手臂，这两个地方绝对扛不住要长赘肉。肚子的赘肉还好啦，我坚持每晚仰卧起坐，控制得还不错，就是这大臂的赘肉，想尽办法也于事无补！"

除了皱纹，松弛的粗臂也是岁月的痕迹。

后来在我关于体形的讲座现场，不断涌现出关注粗臂穿衣建议的人，其中有相当比例是中年人。而且胖体形的人手臂一定粗，手臂变粗又不会上下均匀，通常上臂要比下臂丰满得多，侧面看手臂的形状上宽下窄，张开双臂很像蝴蝶的形状，所以也叫"蝴蝶袖"；因为挥手说"Bye Bye"的时候下垂的赘肉来回扇动，也有人戏称为"拜拜臂"。

能拥有匀称、紧实手臂的人并不多——骨感美女们面对自己如竹竿般纤长细瘦的手臂时，同样万分苦恼！如果说女人的身上有哪个地方绝对不能瘦，那我一定会说，手臂真的不能瘦！手臂的完美在于四个字"骨感圆润"。

通常来说，手臂可以分为五种类型：粗臂、细臂、长臂、短臂、粗细适中的完美手臂。

其中粗臂（即蝴蝶臂）和细臂（即竹竿臂）是相对的，都需要通过适当的服装款式加以修饰。无论是针对粗臂还是细臂，长袖服装永远是首选，因为长袖可以阻挡视觉对手臂粗细的判断。对手臂粗细适中的朋友来讲，在那些充满阳光的日子里则可以随心所欲地裸露美臂。

长臂与短臂也是相对的，是问题体形之一，但是相对手臂粗细的苦恼，手臂长短的问题并不棘手。服装在袖子的长短变化上相当丰富，完全可以应对手臂长短的问题。

到底怎么才算粗手臂或细手臂呢？像前面的章节一样，我列出分析手臂粗细的案例图片，供各位参考。

粗臂、细臂自测图例：

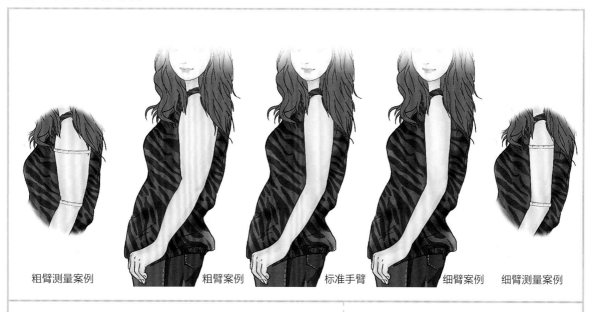

粗臂测量案例　　粗臂案例　　标准手臂　　细臂案例　　细臂测量案例

测量大臂围：手臂自然下垂，从腋下水平围量大臂（一圈）。
测量肘关节围：手臂自然下垂，肘关节最宽处水平围量一圈。

肘关节+5厘米≤大臂围，就是粗臂体形；
肘关节围>大臂围，就是细臂体形。

# A 掩饰粗臂的穿着建议

## ★粗臂者的衣饰建议 01

选择单色或者深色面料的上衣。

凡是有花纹图案的面料，都有让人眼花缭乱的观感，无疑会让人体变胖。粗臂者更适合改穿单一色，单色有较好的整体感，且宁静简单，虽没有明显的变瘦效果，但绝不会给手臂增肥，你可以选择单色的上衣或者只是袖子用单色面料！最好的建议是深色加单色，这可以令手臂变瘦；另外，深色的有图案的面料也很好。

深色调的花纹图案越模糊越好，太清晰鲜明的图案，会令手臂更粗。

深色皮革面料，应选择精细的软皮质，不要翻毛或者厚重的皮革。

深色或者深色调图案的上衣都很好，衣身和袖子也可以不是一个颜色，只要保证袖子是深色调就好。

# ★粗臂者的衣饰建议 02

选择上宽下窄、从肩头到手腕处逐渐收窄的长袖设计。

有流畅线条的袖子款式，空间上呈现出上宽下窄的变化，手臂肘关节以上的袖子部分比较肥大宽松，可以很好地容纳大臂，而不会因紧紧包裹而显出大臂的轮廓，同时手臂肘关节以下逐渐收窄，从肩部到袖口一线贯穿，引导视线停留在变窄的袖口处，就会有显瘦的视错印象。

小贴士➕

穿着上宽下窄的袖型时，要选择柔软悬垂感好的面料，比如丝绸、天鹅绒、雪纺；而不是牛仔、灯芯绒之类太厚太硬的面料——没有线条感，反而会让手臂在腋下堆积，失去隐藏粗臂的作用。

看起来是一个简单的普通袖型款式，但上宽下窄的袖型剪裁，不知不觉中视觉便被细窄的袖口吸引，当然保持袖子款式的简单无装饰设计也很重要。

宽松的衣袖让人不知道你的上臂到底什么样！

依然秉承了上宽下窄的袖形原则，谁又能猜到究竟是大臂粗还是肩袖剪裁宽大呢？

宽大的衣服，令肩袖连接线压低在肩部以下，无形中令袖子变肥大，袖子结束处是长长的松紧袖口设计，收窄了的袖口令手臂显得更细。

## ★粗臂者的衣饰建议 03

袖子选用通透柔软的薄纱面料，或花纹细密精致的蕾丝镂空面料。

　　和第一条建议相同的是，袖子的剪裁不宜太瘦太贴合，一旦袖子包裹着手臂就会适得其反。应选择略微宽松的袖型，使袖子自然下垂形成流畅的直线条，而不是依靠细瘦部分的手臂撑起的直线。通透镂空的图案使手臂在其间若隐若现，性感的蕾丝则恰到好处地掩饰粗臂。

小贴士

镂空形成的图案不宜过大，花纹不应是凹凸感太强的刺绣，粗纺的镂空面料质地粗糙，也会适得其反，由细线平织成的深色面料最好。

薄而细致的精纺纱质面料，纯色无图案的最好，也可选择带小花图案的，面料有垂感的更佳。

此类轻薄的透明纱质面料是首选。但这种浅色的明显不如深色的效果好。

## ★粗臂者的衣饰建议 04

短袖的袖口应在大臂最细的位置，至少不能停留在手臂最粗的位置。

多数人的粗臂主要集中在上臂1/3以上，因此只要袖长能掩饰住上臂即可。三分袖正好掩饰手臂最粗的部分，是不错的选择。对于少数下臂也粗的朋友来讲，袖长结束在下臂一半处的七分袖穿着时也要格外小心，因为下臂一半处是小臂最粗的位置。

每个人手臂最细处都在手腕，其次细的位置是手臂一半处的肘关节附近，因此三分袖到五分袖之间是掩饰粗臂的最佳袖长。以此类推，接近手腕的八分袖或者更长的袖子都是掩饰粗臂的最佳穿衣选择。

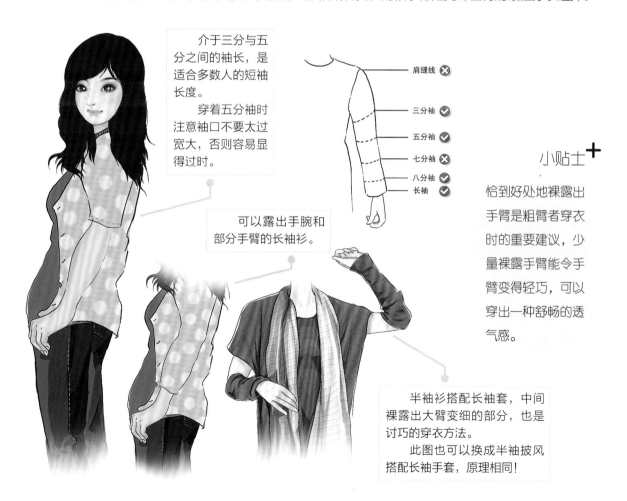

介于三分与五分之间的袖长，是适合多数人的短袖长度。
穿着五分袖时注意袖口不要太过宽大，否则容易显得过时。

可以露出手腕和部分手臂的长袖衫。

肩缝线 ✕
三分袖 ✓
五分袖 ✓
七分袖 ✕
八分袖 ✓
长袖 ✓

小贴士✚

恰到好处地裸露出手臂是粗臂者穿衣时的重要建议，少量裸露手臂能令手臂变得轻巧，可以穿出一种舒畅的透气感。

半袖衫搭配长袖套，中间裸露出大臂变细的部分，也是讨巧的穿衣方法。
此图也可以换成半袖披风搭配长袖手套，原理相同！

## ★ 粗臂者的衣饰建议 05

让大臂隐形的宽松连袖衫或披肩。

各种披肩、披风、蝙蝠袖和伞形袖可以瞬间让你的大臂隐形，特别是有精致图案和花色的披肩，能轻易吸引所有注意力！衣袖在腋下变得很宽大，那些缝合线较低或压根没有缝合线的衣身和袖子几乎连成一体，谁还看得出你的大臂！

小贴士

短小轻薄的披巾也能起到一定的掩饰作用，厚重皮草或粗线纺织的披肩则会适得其反。

这款肥大的针织衫，是不对称的斜裁设计。

宽松肥大的半袖款连袖衫不建议单穿，一定搭配紧身的打底衫混搭。

长款披肩式外套比较时尚，同时也有助于掩饰粗臂。

## ★ 粗臂者的衣饰建议 06

有少量褶皱的无膨胀感泡泡袖，既减龄又添彩。

青春又甜美的泡泡袖真的是粗臂者大忌吗？不一定！只要你选择的面料够柔软，肩头的袖线处褶皱尽量少，就没问题！袖子"泡"得不会很高，也不会很膨胀、很夸张，你可以尽情穿着。

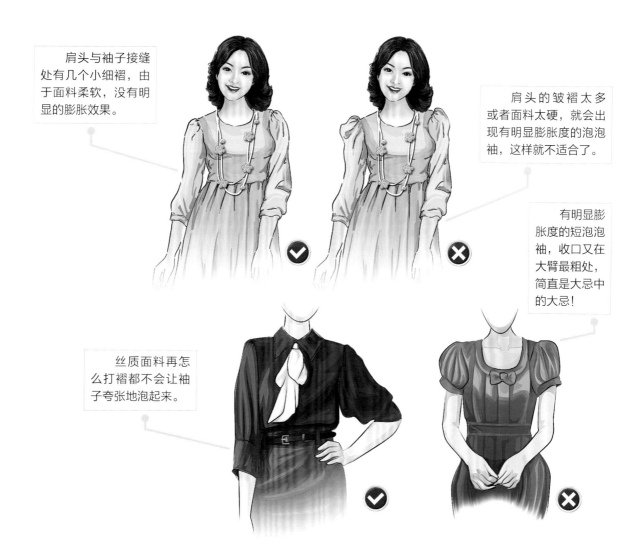

肩头与袖子接缝处有几个小细褶，由于面料柔软，没有明显的膨胀效果。

肩头的皱褶太多或者面料太硬，就会出现有明显膨胀度的泡泡袖，这样就不适合了。

有明显膨胀度的短泡泡袖，收口又在大臂最粗处，简直是大忌中的大忌！

丝质面料再怎么打褶都不会让袖子夸张地泡起来。

## ★粗臂者的衣饰建议 07

穿半袖时选择袖口是斜线剪裁的。

　　剪裁适当的短袖口可以恰到好处地修正粗臂！裸露一半以上手臂的半袖衫，是穿着的危险品，因为粗壮的上臂是裸露的禁区。本条建议是比较有挑战性的，也不是人人都能成功地穿着恰当。那么关键点是什么呢？首先袖口的剪裁形状很重要，短袖袖口必须保证是斜线剪裁，而非水平剪裁的直角袖口；其次，这条建议更适用于手臂刚开始变粗、还不算太粗的朋友；再次，要明白变瘦是相对的，期望值不要太高，这种穿法对于特别粗的大臂只能相对地削弱观感，不可能完全改观。

袖口两片斜线剪裁，像两片花瓣，非常柔美。

袖口的斜线改成横线，效果就大不相同了，横断线会有拉宽显胖的效果。

这种比三分袖还要短的袖子，由于袖口是斜线的设计，可以拉升大臂。
　　我们把这类袖子叫作"壶嘴袖"。

宽松肥大的短袖，即使款式再漂亮都不适合。

短袖口从前胸到后背的剪裁线是斜向螺旋上升的，也遵循了斜线显瘦的视错原理。

## ★ 粗臂者的衣饰建议 08

宜穿袖子上带有纵向线条的服装。

袖子上有一条垂线装饰的服装，无论长袖还是三分短袖，竖向的垂线装饰都会有显瘦的功效。

袖子的侧面有一两条白色滚边线，勾勒出手臂的长度，有显瘦显长的效果。

此设计也可以用在半袖的侧面，一样很有效果。

袖子侧面镂空的细条，断断续续连接成线，也适合粗臂美人。

# B 让细臂变圆润的穿着建议

## ★ 细臂者的衣饰建议 01

穿有花纹图案或者有厚度、有硬挺度的面料。

有图案的面料看来起有扩张感，可以使细臂显得丰满。什么图案都行，大的小的，花朵的几何的，稀疏的和密集的……都很好，但必须是长袖。要选择有厚度的面料，这样的面料都有硬挺度，做出的服装很有型，不会包裹手臂。也可选用纱线较粗的粗纺织物，例如棒针毛衫、棉布、花格呢、香奈儿粗纺呢。还可选用有硬挺度的薄面料，不贴身就可以。

厚面料制作的服装，袖子硬挺有型不贴身，同样掩饰细臂。

香奈儿特有的粗纺格呢外套，可以让瘦臂变丰腴。同时袖口的毛边流苏设计更是锦上添花。

横条纹或者密集的竖条都适合。

一些棒针的毛衫，因为有鲜明的凹凸肌理感，而显丰满。

## ★细臂者的衣饰建议 02

袖子蓬松宽大，但袖口结束处收紧的上衣。

类似蓬蓬袖的蓬松宽大，丰满视觉的袖子也可以改善细臂的过分骨感。无论薄厚，一定要选择有硬挺度的面料，切忌选择过于柔软顺垂的，否则容易贴身不易塑型，不利于打造蓬松效果。

运动外套的剪裁多半宽大，采用的面料多为棉质，这类面料有厚度，非常容易产生手臂丰满的效果。

针织衫的袖口采用衬衫款的袖口设计，这样的结合也是很好的选择。

宽大的袖子在袖口处一定要收紧。若任由袖口继续放宽不紧收，很像宽大的中式袖，透过宽大的袖口会很容易看到瘦臂。

从肩头的袖线到袖子的收口处，自上而下逐渐变宽大，手腕处的袖口收紧，形成蓬松的灯笼形状。

此款式与胖臂者的灯笼袖在面料上有本质的区别，细臂者一定不要穿太过柔软的面料。

## ★细臂者的衣饰建议 03

厚重的镂空面料制成的袖子同样适用于细臂。

　　一些图案花型中等偏大，或是复杂多样的镂空面料也可以选择，但要注意材质，一定是粗纱线、毛线这类有凸凹手感、带有扩张作用的材料，才能起到丰满手臂的作用。

　　镂空图案鲜明，手感凹凸不平。
　　面料含棉麻等硬质纱线，不贴身，膨胀易塑型。

　　用粗线交织的棒针镂空服装，或者是马海毛线、长绒毛线等长毛线织成的服装或袖子。

## ★ 细臂者的衣饰建议 04

在袖口添加装饰设计，或者袖口任意外翻的效果都较好。

任何袖口外翻的款式都可以令竹竿臂有丰满效果。无论长袖、短袖都适合这种袖口外翻的设计，如果翻出的袖口颜色与袖子的颜色不同会更好。

只是在袖口添加荷叶边装饰，就会令整个袖子饱满。

各种类似花瓣的袖口设计都可以很好地掩盖细臂。

袖口的横条纹、绣花、花边和各式图案都很好。

袖口装饰皮毛有厚实感，是冬季丰臂的首选。

在袖口添加袖襻设计可以充实细臂。

仿军装大衣的袖口设计也很好，袖口外翻的款式很容易买到。

小贴士✚

如果买来的衣服没有外翻袖口的款式设计，可以利用两件上衣，把里面的袖口翻出，形成外翻袖口款式，看起来更加潇洒自然。穿长袖衫时简单地卷起袖口也对丰臂有帮助！

## ★细臂者的衣饰建议 05

穿袖子表面有丰富肌理和膨胀感的上衣，修饰效果最明显。

之前在穿衣丰胸的章节中，你一定知道了许多利用有蓬松感的装饰物来丰满胸部的穿衣方法。如果将这些方法用在袖子上，是否有同样的增肥效果呢？

没错！袖子上添加一些复杂的装饰物，例如三宅一生褶皱面料、松紧抽褶、层叠的褶裥、层叠的流苏、蕾丝花边等等，都可以很好地充实细臂，让手臂饱满。

泡泡袖可以丰满手臂，但若是短袖就适得其反了。宽大饱满的泡泡袖会使露出的竹竿手臂在对比下显得更纤细，所以不管袖子的泡泡有多大，也必须是长袖设计。

布满袖子的流苏设计，一样能让手臂丰满起来。

多层的滚边制作，袖子上有明显的凸起线条，是很好的丰臂服装。

冬季的羽绒服是最好的选择，无论手臂多细也不必苦恼。

当然，春秋季和夏季，也可以在薄面料的袖子上添加多层的横向松紧抽褶设计，一样让人联想到羽绒服的蓬松效果。

## ★细臂者的衣饰建议 06

混搭穿着，利用多层次叠穿的效果。

袖子长长短短，套穿很多层的"层叠穿法"，通常呈现外短内长的混搭效果，例如短袖裙装搭配打底衫，半袖衬衫搭配长袖T恤，长袖毛衫搭配披肩或短款外罩披风。

半袖的T恤衫外穿、长袖T恤内穿的混搭效果也很好。

微微有厚度的半袖针织衫，款式宽松。再搭配打底衫也很适合。

泡泡袖搭配打底衫，打底衫不宜太紧，可以宽松一些，或者有花纹图案的面料也很好。

小贴士✛

在层叠穿两件套时，里外的颜色要有区别，如果是同一颜色，起不到层叠穿法的作用。也要注意两件衣服不要都是满面积花纹的，容易显得混乱。

## ★细臂者的衣饰建议 07

选择袖长结束在手臂七分处的中袖上衣。

对于过细的手臂来说，短袖绝对是个挑战。如果一定要尝试，可以考虑袖子长短停留在下臂一半的长度，这个位置刚好是手臂有肉肉的地方，较其他部分粗些；同时袖子不能包裹得太紧，也不宜太肥大，有微微的宽松度即可，袖口必须是水平线平角剪裁。

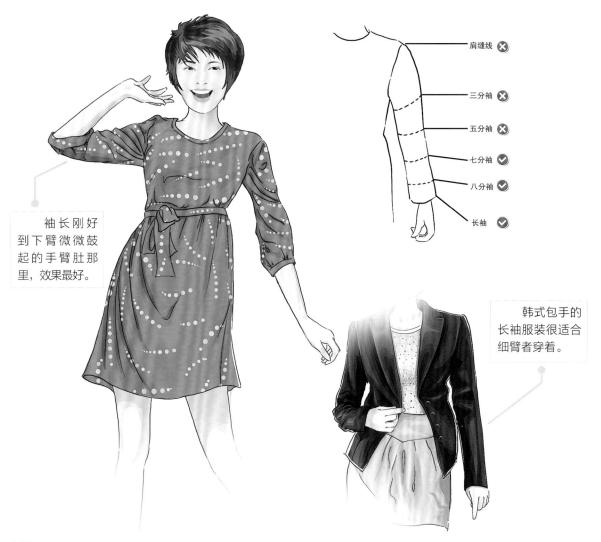

袖长刚好到下臂微微鼓起的手臂肚那里，效果最好。

肩缝线 ❌
三分袖 ❌
五分袖 ❌
七分袖 ✅
八分袖 ✅
长袖 ✅

韩式包手的长袖服装很适合细臂者穿着。

# ★细臂者的衣饰建议 08

在服装除袖子外的其他部位，利用出色出彩的装饰吸引视线。

我现在教给你的修饰手段叫作"转移注意力"，就是在衣服除了袖子以外的其他位置制造亮点，从而把人们对手臂的注意力统统转移走。

利用丝巾、项链、胸针，有设计感的漂亮衣领、口袋，包边的前衣襟，胸前的绣花、荷叶、蕾丝等等都可以。这些装饰元素能有效转移人们对粗臂或是细臂的判断。不过要注意的是，这个穿着建议有一个前提——必须是有袖子的服装，最好是长袖！

学会利用丝巾、饰品，它们既是很好的装饰元素，也是转移注意力的有效工具。

鲜亮的丝巾和首饰最易出彩。

# 热裤晒出琵琶腿

## ——粗腿VS细腿

在"衣橱整理"课堂中，我要求学生带来自己的衣服。其中有位同学很不一样，当别人纷纷展示各式上衣和裙装的时候，她带来的都是裤装！"你这么喜欢裤装吗？""没办法，我的腿太粗了！"

她确实不算瘦，同时有身材矮和长腰低臀的问题，事实上这类身材穿连衣裙很合适，能实现显瘦、显高、提臀的三重功效。我鼓励她露出腿来，当她卷起长裤，露出整个小腿时，我发现不仅仅是粗的问题，还粗得不匀称——小腿肚的明显凸起使得小腿曲线弧度很大，看起来就像可乐瓶。

下课后，我约她去快餐店吃饭，我让她只看腿不看人，逐一细数，发现人群中有标准细腿的真不多，粗腿军团很庞大。但她还是沮丧："静老师，粗腿的虽多，但人家粗得均匀，不像我的琵琶腿那么富有曲线！"

"那你看看那些男性，80%以上都是粗腿，其中50%都是琵琶腿，琵琶的级别绝对超越你！"我说，"你有没有发现在粗腿的问题上，男女有很大的区别，男性总是自信满满地展示粗腿，不仅不觉得粗腿难看，反而认为是身体强壮健康的标志，对他们而言这是体形的优点。"

特别巧，正当我们分析粗腿案例时，餐厅里进来了一家人：胖爸爸＋胖妈妈＋胖儿子。而胖妈咪穿着时下小女生最爱的超短热裤，不但将弯曲的琵琶小腿露着，粗壮的大腿也展现无遗！

这一家子快乐地从我们身边走过，自信的妈咪张罗着饭菜，三双大粗腿在这一刻成为幸福日子的标签。我感慨道：这就是我要告诉粗腿美女们的唯一诀窍——自信！

露出粗腿留住自信——你可以用琵琶腿告诉大家，这样也美丽！我并不认为这是阿Q精神。

你必须明白：用正确的穿衣修体方式来显瘦，是有限的、相对的。选对款式可以轻而易举地让70公斤的人穿出60公斤的感觉，但绝不可能让100公斤的人穿出50公斤的感觉。如果不能穿出模特般的体形，那就不妨展示出你独一无二的特色体形。所以，我给粗腿朋友最重要的建议就是——自信地露出你的腿。只要从心底认可自己独特的美，相信自己、欣赏自己，你就会光彩照人。

好的，接下来我要讲讲判断小腿粗细的具体方法：

通常，小腿肚的围量尺码与膝盖的围量尺码应该一致；如果小腿最粗处的围度超过膝盖围度1厘米，就可以定义为琵琶腿。大家对膝盖的围度大小不必太在意，只要它与小腿肚围度一致，从膝盖到小腿部分就属于标准的粗细度。

腿是不是越细越好？NO!

女人的腿美在"细而有肉"。过分骨感的"竹竿腿"也是让人苦恼的。"竹竿腿"的判定标准是：小腿肚宽度与脚踝宽度近似。

粗腿、细腿自测图例：

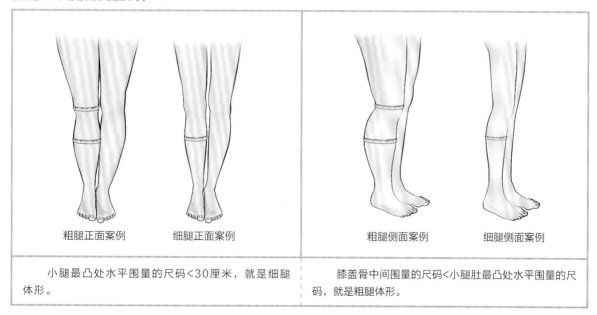

| 粗腿正面案例 细腿正面案例 | 粗腿侧面案例 细腿侧面案例 |
|---|---|
| 小腿最凸处水平围量的尺码<30厘米，就是细腿体形。 | 膝盖骨中间围量的尺码<小腿肚最凸处水平围量的尺码，就是粗腿体形。 |

# A 掩饰粗腿或琵琶腿的穿着建议

## ★粗腿或琵琶腿者的衣饰建议 01

穿边缘结束在膝盖最细处的短裙。

穿短裙时，找到从镜子里看时膝盖的最细处（正面看腿，膝盖骨两侧有曲线凹度，其中最凹处就是膝盖的最细处），然后将裙子的长度修改到这个位置，这是忽略粗腿最有效的方法。

## ★ 粗腿或琵琶腿者的衣饰建议 02

穿上下同色套装、连衣裙，或者深色下装。

为避免人们的视线注意到腿部，下装的颜色不宜太闪亮，选择深色或者中性色会比较低调，同时也不宜有较多的装饰物。上下同质同色的套装能够有效拉长拉瘦身材。腿粗的朋友90％体形会胖，所以连衣裙也总是最佳的穿衣选择。

无论是连衣裙还是套装裙，裙子尽可能选用深色。

这种深蓝色上下同质同色的套装，很容易买到。注意下装款式要简单，而上衣款式则要新颖漂亮，引人注目。

上身的服装色彩可以随意，下身的服装多用深色。

黑色西服背心搭配黑色的裤子，形成上下装的色彩一致，会有很好的显瘦效果，打底衬衫的色彩随意。

鞋、丝袜和裙子都是黑色，也可以是其他深色，但要尽可能使这三个部分的色彩一致。

## ★粗腿或琵琶腿者的衣饰建议 03

用垂感面料制成的直筒长裤，长度要能盖住脚面。

　　裤子的款式以简单的直筒西裤为好，款式简单到连口袋都没有会更显瘦，注意这样的直筒裤买的时候一定要试穿到最合体。裤长不是越长越好，因为太长的裤子会在脚踝处打出很多褶皱，反而影响裤子笔直流畅的下垂线条。裤长到脚面最佳，通常裤长结束在离地面大约3厘米的距离是合适的。穿锥形裤、直筒裤、裙裤都行，没有装饰细节的简单款就可以。

　　上宽下窄的锥形裤要特别注意选择垂感的面料。适合粗腿的锥形裤同样适合细腿穿着，但面料选择截然不同——细腿要穿有足够硬挺度的面料。这却是粗腿穿锥形裤时的面料禁区。

衣橱中必备几条面料顺垂的直筒裤。

裤子切忌太长，否则会适得其反。

　　若身高超过160厘米，在夏季可以尝试穿浅色的直筒长裤（面料顺垂），高跟鞋也最好搭配浅色的。

# ★粗腿或琵琶腿者的衣饰建议 04

穿裙长至小腿较细处或长于较细处的裙子。

为了能加长下半身，垂地的长裙更好，也可以穿到脚面的长裙。或者裙长刚刚盖过胖胖的小腿肚，露出较细的小腿下半截的长度都可以。无论多长的裙子，选用下垂感好的面料是关键，裙子的款式也要简单或无印花图案。

上衣可以有印花图案或其他漂亮的款式设计元素，但是裙子一定要是单色且款式简单。

长及脚踝的连衣裙在夏季常见，搭配高跟鞋和闪亮的首饰就可以是参加宴会的礼服。

粗腿的朋友不要错过长裙。面料上好的悬垂度也是考量的重点。
穿长至脚面的经典大摆裙时，面料一定要悬垂感好。

## ★粗腿或琵琶腿者的衣饰建议 05

穿高跟鞋。

穿高跟鞋可以最直接地增加腿的长度，尤其是小腿的长度，这是高跟鞋经久不衰的重要原因。

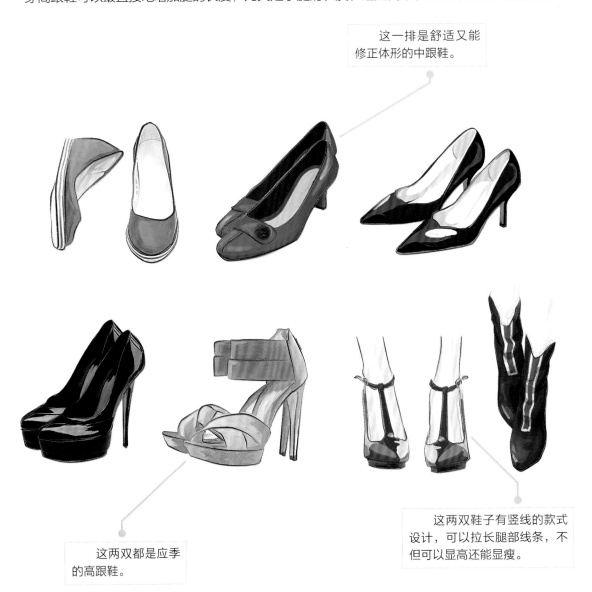

这一排是舒适又能修正体形的中跟鞋。

这两双都是应季的高跟鞋。

这两双鞋子有竖线的款式设计，可以拉长腿部线条，不但可以显高还能显瘦。

# ★粗腿或琵琶腿者的衣饰建议 06

穿款式简单或有垂线设计的精致皮靴。

长靴是不错的选择，注意靴子上不能有太累赘的装饰物，例如：太过凸起的装饰物，多皱褶，太厚太长的皮毛镶嵌，靴子边缘下翻皮草，粗糙的翻毛皮。靴子上可以有一两条垂线的装饰，因为下垂的线条可以令粗腿变细，例如：垂线拼接的两色皮条，长长的拉链或者嵌边，等等。关于皮靴的面料也要注意，选择皮质细密有光泽的面料，忌讳粗糙质感的皮料和凌乱的花色面料。

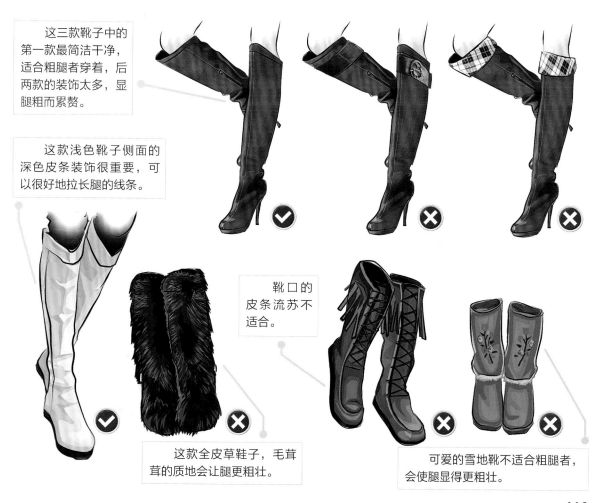

这三款靴子中的第一款最简洁干净，适合粗腿者穿着，后两款的装饰太多，显腿粗而累赘。

这款浅色靴子侧面的深色皮条装饰很重要，可以很好地拉长腿的线条。

靴口的皮条流苏不适合。

这款全皮草鞋子，毛茸茸的质地会让腿更粗壮。

可爱的雪地靴不适合粗腿者，会使腿显得更粗壮。

## ★粗腿或琵琶腿者的衣饰建议 07

穿与鞋子颜色一致的深色打底裤或下装。

下装和鞋子的颜色要保持一致，下装包括：打底裤、长筒袜、裤装、裙装等等。总之要做到从臀部到脚底一个颜色一穿到底，避免视觉停留在下半身的任何地方。

虽然鲜亮的红鞋子时尚又漂亮，但是对粗腿的朋友来讲，脚被关注不是件好事，容易被发现粗腿的问题。搭配银色鞋也同样不适合。

鞋和裤相似色搭配是可以的。

鞋和裤同色搭配更好。

同样的道理，裸露腿部时可穿肉色袜子，鞋子与下装（裙子或者外衣）的颜色一致；也可以搭配浅色鞋子，与肤色近似，让腿和鞋融为一体。

## ★粗腿或琵琶腿者的衣饰建议 08

靴子的长度不宜在小腿肚的宽处。

通常粗腿主要粗在小腿肚，所以靴筒的开口不能在小腿肚鼓出的部位。靴筒要能掩饰整个小腿肚，开口位于接近膝盖处较为合适（记得不要选择靴口敞开的款式，合体收紧的靴口样式较好）。短靴最适合的长度在小腿肚的下端，所以粗腿穿靴子要么完全包裹住小腿肚，要么就短于小腿肚。

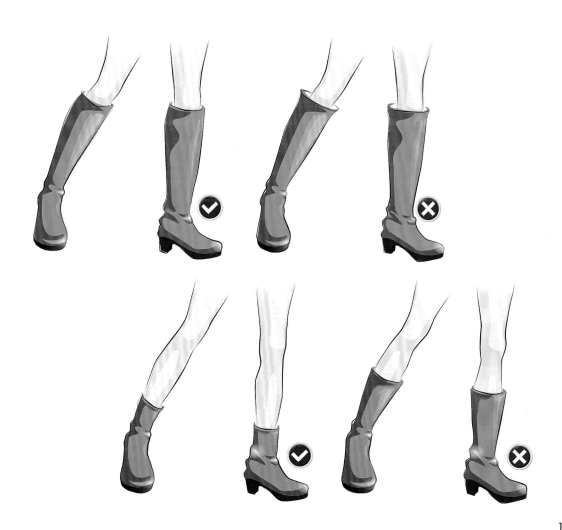

## ★粗腿或琵琶腿者的衣饰建议 09

利用装饰物点亮上半身、转移视线、让视觉远离腿部。

全身的色彩搭配简单素雅，通过亮丽出彩的首饰、丝巾、领子、口袋、装饰垂线、绣花、镶嵌、皮包、腰带等漂亮显眼的服饰元素，吸引视线远离腿部。

# B 令竹竿腿变丰润的穿着建议

## ★细腿者的衣饰建议 01

穿裤装比穿裙装合适，而且裤子越长越有效果。

　　过于细长的腿想要获得丰满的效果，唯有全部遮盖，长裤可以获得最好的效果。长裙也可以，但不是所有的细腿朋友都适合穿长裙——个子矮或低臀的朋友穿着时会显累赘。所以在修正细腿体形方面，还是裤子更实用。长裙穿起来有很多讲究，我在后面会逐条详细讲解。

## ★ 细腿者的衣饰建议 02

选择厚面料或有粗糙肌理面料的下装。

不论何种款式，面料都不能太薄或者太过柔软，尤其是款式简单无变化的服装更要注意。选择表面粗糙有肌理感的面料，例如：厚牛仔布、花呢、粗纺呢、褶皱面料、香奈儿粗纺花呢、三宅一生褶皱面料等。有一定的硬挺度的面料也很适合，比如棉、麻、厚针织物、厚皮革、厚呢料等，这样的面料制成的衣服不紧贴身体，衣服与腿的空间越大，就显得越丰满。

即便是打底裤配靴子，也要注意面料是不是有丰富变化，比如粗纺面料、花色面料和褶皱面料。总之，丰富看起来就会丰满。柔软的面料虽然飘逸，但很容易贴身或包裹住身体，所以有厚度的面料可以增粗腿形。花纹打底袜厚实又有花纹，非常适合腿瘦的人穿着。

小贴士

什么叫膨胀感面料？
有些衣服即使不穿，放在那里就很丰满，挂在衣橱里也会很占空间，这就是膨胀感的面料，例如羽绒类、棉服类、泡泡纱、条绒、丝绒、各种长毛绒的面料、翻毛衣、皮毛类的服装等都是。

锥形裤很适合瘦腿美人，但是切记面料须选择有厚度和硬挺度的，这样很容易塑造出宽松的形状。

粗纺呢或香奈儿花呢。

厚呢子面料。

厚针织面料。

凹凸感强的钩花针织裤，很有肌理感。

厚牛仔裤。

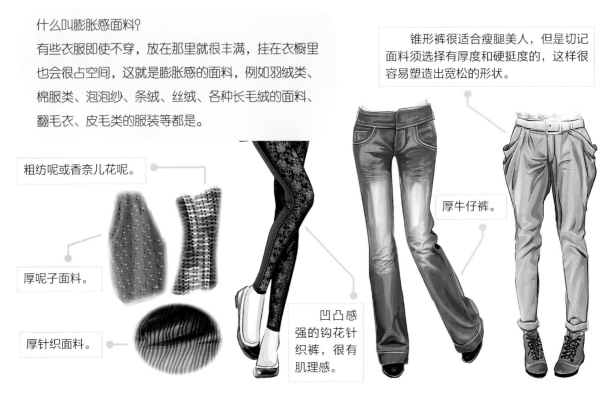

# ★细腿者的衣饰建议 03
裤子要用有印花图案的面料。

比起粗腿美女，瘦腿美女可以尽情选择各种花纹图案面料的下装，这不仅是变丰满最高效的方式，也可以把修饰过的瘦腿当成亮点大胆展示！几何图案、花朵图案、抽象图案、民族图案都行，身高超过170厘米可以选择大图案，中小型花色图案几乎适合所有人。

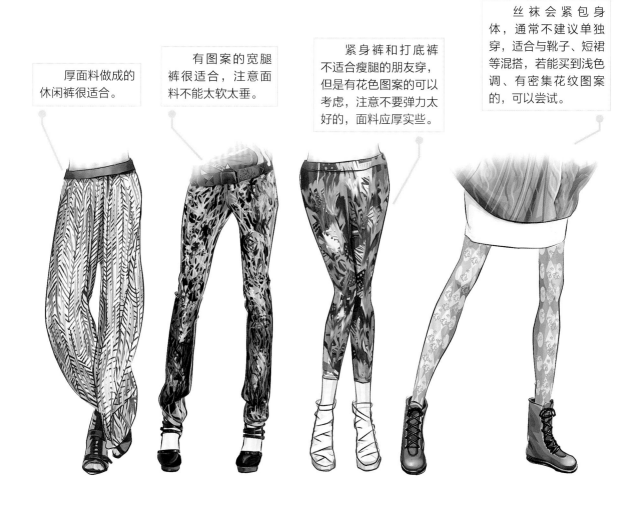

厚面料做成的休闲裤很适合。

有图案的宽腿裤很适合，注意面料不能太软太垂。

紧身裤和打底裤不适合瘦腿的朋友穿，但是有花色图案的可以考虑，注意不要弹力太好的，面料应厚实些。

丝袜会紧包身体，通常不建议单独穿，适合与靴子、短裙等混搭，若能买到浅色调、有密集花纹图案的，可以尝试。

## ★细腿者的衣饰建议 04

宽松肥大的宽腿裤或裤口宽大的喇叭裤很合适。

宽阔肥大的裤子是瘦腿者衣橱中的必备单品，切记面料依旧须满足两个条件：厚、挺。例如宽腿裤（又称阔腿裤）、裙裤、喇叭裤、靴裤等等，加厚面料或粗纺呢子的都行，夏季选用棉麻织物的会有助于裤型的挺括。纱质面料、柔软飘逸的裙裤，不适合细腿的朋友，除非是层层叠叠的设计加上满幅印花。

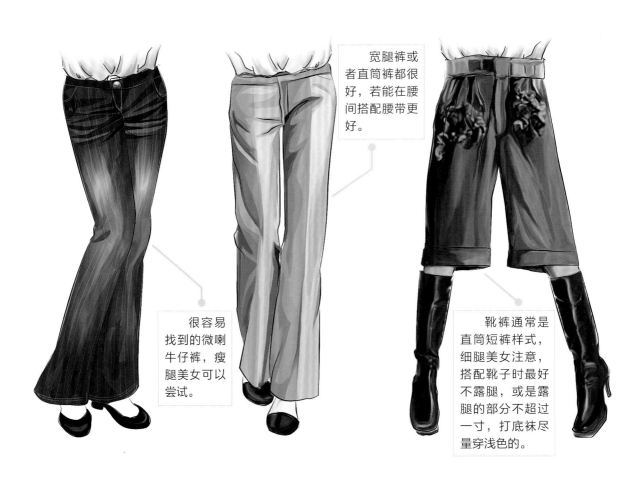

宽腿裤或者直筒裤都很好，若能在腰间搭配腰带更好。

很容易找到的微喇牛仔裤，瘦腿美女可以尝试。

靴裤通常是直筒短裤样式，细腿美女注意，搭配靴子时最好不露腿，或是露腿的部分不超过一寸，打底袜尽量穿浅色的。

# ★细腿者的衣饰建议 05

穿浅色或有横线设计元素的下装。

浅色有扩展感，会令下身变得丰满，水平走向的横线条有拉宽的视错效果。例如：层层叠叠的塔裙，裙边的装饰物，裤子口袋的水平包边，翻角裤，裤底边的绣花、蕾丝、荷叶等装饰元素。穿斑马纹或横条纹图案的下装时，横条的宽度要超过3厘米以上，条纹的宽度不宜太细太密，通常条纹图案的数量越少效果越好。

小贴士+

穿短裤时裤腿要宽阔些，比如底边翻起有花纹的翻脚裤，有种轻松俏皮的趣味，只要不是太合体紧紧包裹着腿的短裤腿就可以！

横条纹的图案很容易让腿显粗。

裤口有花边装饰的也很好。

浅色的宽腿裤在温暖的季节里是首选。

横向的缝合针脚，水平的装饰纹理都适合。

层层叠叠的塔裙穿着效果最漂亮，注意裙长不能太短，裙摆不宜过大。

## ★ 细腿者的衣饰建议 06

可以穿款式复杂的裤子或下装，再多的装饰元素也不怕！

口袋、拉链、铆钉、花边、刺绣、蕾丝、皱褶、拼接……能怎么复杂就怎么复杂。如果细腿美女都不穿这些下装，那真是无人能驾驭了！一句话，怎么装饰都不为过。

小贴士➕

搭配靴子穿的臀部肥大的锥形马裤（又称军靴配裤）、钓鱼裤、有七八个口袋的休闲裤，都有很好的丰腿功效。

## ★ 细腿者的衣饰建议 07

可以尝试裙长结束在小腿肚的所有裙装。

裙子的长度不能太短，除非打底裤的面料花色已经成功地完成了丰满腿部的任务，然后再搭配至脚踝的长裙、长裤或长至小腿肚的中长裙和七分裤更显效果。裙型可以是H形轮廓的直筒裙或者微微外展的小A裙，但不能是非常肥大的伞形裙、超级宽大的大摆裙或者褶皱很多的百褶裙。

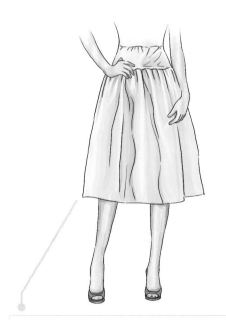

裙子的面料不宜太柔软，裙长到小腿肚最棒！并且搭配中跟鞋更佳，因为裙长过膝会压个头，鞋跟可以弥补一下。

尽量不要穿短裙。如果喜欢短裙，选择裙长在膝盖以上10～15cm的，上身效果比较好。

横条纹的连衣裙，裙长到小腿肚中线位置。

## ★细腿者的衣饰建议 08

想穿短裤的话，慎选短于膝盖以上的，七分裤、九分裤可以放心穿。

前文中的建议已经说明裤装是越长越好，那么所有的短裤都不能穿吗？长至膝盖的短裤肯定不适合，因为膝盖是很难囤积脂肪的部位，一定会比较骨感，露出来会更显瘦；裤长短于膝盖的所有短裤就更不适合了。过膝的七分裤就没问题！裤子全部掩饰膝盖后，到小腿肚附近会有小肉肉，所以穿七分裤通常效果不错。比七分裤更长的裤子也都没问题，八分裤、九分裤都很好！

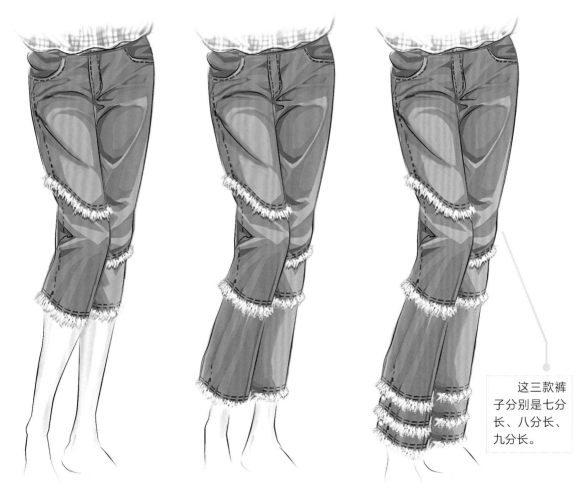

这三款裤子分别是七分长、八分长、九分长。

130

# ★ 细腿者的衣饰建议 09

层叠穿法、混搭法，都是瘦腿美女要掌握的扬长避短妙招。

不用考虑天气，现在一年四季都可以进行混搭，即使是夏天，凉鞋、丝袜、腰带、脚踝装饰，甚至足部美甲，再配上包包，都可以实现混搭效果。

皮毛会有超好的丰满效果，但是面料的丰满效果太过，与裸露的细腿又成强烈对比，会适得其反。若是先穿好显胖的打底裤就会好得多，例如：穿非紧身款裤子或者浅色有花纹的打底裤。

浅色紧身袜搭配浅色靴子也很好。

非连体袜搭配靴子能在腿部制造更多的层次，所以也很适合，只要裸露的腿（肉色）不超过3厘米长就好。

打底裤不一定就是紧身裤，其他裤型如：西裤、休闲裤、牛仔裤、锥形裤等，搭配靴子穿都很好。

# part 04

# 360度问题体形
# 穿衣全攻略

# 01

# 最暴露年龄的曲线

## ——粗腰VS细腰

女性拥有纤细婀娜的"柳腰"自古以来都令人无限向往。在朗朗上口的古诗文中，"柳腰"一词让我们轻易解读出古代男子心中理想的女性美。

即便是现代，时下流行的低腰裤、露脐装，莫不是因"柳腰"的魅力才有的裸露时尚。而在优美动人的柳腰曲线上，中西方文明的审美竟也如此相同。

中国女性的细腰多见于苗条匀称的年轻人，我这里说的"年轻人"所指更广泛些，应该是指没过不惑之年的人。虽然街边随意就可以找到身材匀称的中老年人，但其实，脂肪却悄悄地爬上了腰部、腹部、大腿根部，强大的地心引力让我们无一能幸免。这就是为什么虽然有杨柳小蛮腰的人不在少数，但是细细数来粗腰者的数量还是占了上风。我的形象工作室接待最多的就是40岁上下的个人顾客，她们需要为日渐丰满的体态和越来越粗的腰身采购更合适的漂亮服装。

腰部体形分为五种：粗腰、细腰、长腰、短腰、标准腰长，其中与粗腰相对应的是细腰体形，与长腰相对应的是短腰体形。

先来说粗腰和细腰。

女性体形有三个非常重要的曲线：侧曲、后曲、前曲。常说的"S造型"，其实不是一个S，而是三个S！

"侧曲"在身体两侧，是由上臂腋下到腰部再到臀部三处连接的曲线形成的，这是第一个"S"，这条曲线就是我们常说的"细腰"曲线。

粗腰、细腰自测图例：

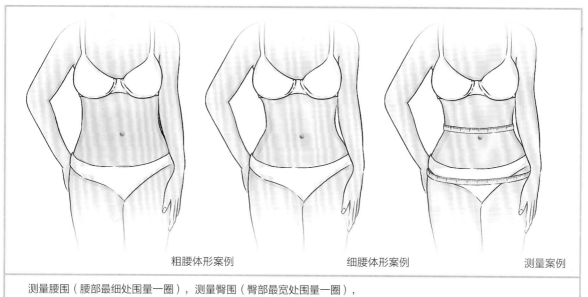

粗腰体形案例　　　　　　　细腰体形案例　　　　　　　测量案例

测量腰围（腰部最细处围量一圈），测量臀围（臀部最宽处围量一圈），
臀围尺码减去腰围尺码的数值，小于15厘米就是粗腰体形，公式：臀围-腰围<15厘米，即为粗腰。

"后曲"位于身体的后面，是由后背到腰部再到臀部三处连接的曲线形成的，这是第二个"S"，这条曲线就是我们常说的"翘臀"曲线。

"前曲"位于身体的前面，是由前胸到腰部、到腹部三处连接的曲线形成的，这是第三个"S"，也就是我们常说的"丰胸"曲线。

细腰就是标准腰型，所以，世人对细腰崇尚到再细的腰也不是缺点。此时你的脑海中是否浮现出中世纪即将赴宴的宫廷贵妇，她们正努力吸气，身后一群仆人拼命为之勒紧"塑腰衣"的场景？几百年后审美依然没有改变……

接下来说说如何扬长避短，修饰粗腰体形。由于细腰不是缺点，穿衣建议比较简单，所以这里只讲粗腰者的穿衣建议。

# 巧妙遮盖，粗腰变细的穿着建议

## ★ 粗腰者的衣饰建议 01

穿H形服装（穿着没有收腰剪裁的H形服装，可以很好地掩饰粗腰）。

掩饰粗腰宜选择腰部宽松的上衣、夹克和外套，以及直筒连衣裙、开衫、T恤、居家服，等等。穿开衫和上衣时别系扣，使腰部露出较小的面积，可以达到使腰部变细的视错效果。

不系扣的风衣外套，穿起来飘逸洒脱，记得内搭的服装与风衣外套的颜色深浅差异应大些。

面料垂感较好的上衣或开衫，不系扣穿着会自然形成H形轮廓。

同样是一款H形的直筒裙装。

H形的连身裙是粗腰朋友的最佳选择，款式简洁四季皆宜，穿着时不会受到流行的影响，易采购。

上衣款式没有明显的收腰：上衣+打底衫+短裤（三件）的混搭，服装轮廓线展示出的直筒形（H形），成功地掩饰了胸+腰+臀三处的体形问题。

# ★粗腰者的衣饰建议 02

肩宽则腰细（加宽肩部的线条，减少腰部装饰，可以产生细腰的视错）。

　　肩与腰在身体上相距较远，但肩部的宽窄决定了对腰部粗细的视觉判断，所以只有肩部宽阔才能将腰部比细，即肩宽时显腰细，这是第1章中"米勒–莱尔视错"长短视错的运用。例如，大领、泡泡袖或者垫肩设计的款式都可以增加肩部的宽度。

　　有三种综合体形的朋友要特别注意：粗腰+宽肩（肩部宽大厚实）、粗腰+粗臂（手臂粗壮）、粗腰+短颈（脖子或短或粗），这条穿着建议不太适合你，可以参考其他穿衣建议。

此款T字形半袖风衣在肩部（肩襻和肩章）和袖口（翻袖口）都有加宽肩部的款式元素。

花瓣袖等一些袖口用了较多面料的堆砌装饰元素也会加宽肩部。

泡泡袖是经久不衰的常见款式。
肩部内填充垫肩直接有效地增加肩宽，值得注意的是，短颈者肩部只可加宽不宜垫高。

大领子的款式也会很好地加宽肩部。

## ★粗腰者的衣饰建议 03

臀宽则腰细（臀部放宽松、腰部无装饰且剪裁合体的服装）。

臀宽时会对比得腰显细，穿臀部宽松的服装即可显臀宽。例如：像军装马裤的款式，经久不衰的大摆裙，宽肩、收腰、大衣摆款式的风衣或公主裙，穿起来特别有女人味，尽显维多利亚式的细腰视错。腰部微微收拢、臀部放宽松形成的裙摆式上衣，还会有"翘臀"的衣着视错，很有复古的宫廷味道，例如下摆散开的A字形连衣裙或者韩式高腰散摆上衣（下摆展开的上衣能很好地掩饰腰部缺陷）。

虽然适合穿剪裁略微收腰的服装，但切记不要穿腰部剪裁过于合体的服装，这类服装会包裹着粗腰显出腰部的肉。

西服套装的短款上衣，衣摆宽松外翘，很有复古的宫廷优雅风格。

面料微微硬挺，会易塑造衣摆外翘的效果，不但有细腰的穿着效果，还能很好地塑造翘臀。

臀部宽大的裤装也很适合。

微微收腰，下衣摆逐渐放宽松的外套，加宽了臀部。此类的大衣、风衣很常见，穿起来尽显维多利亚式的细腰魅力。

位于胸部两侧的公主线剪裁很容易凸显细腰，这类外套或连衣裙穿起来特别有女人味。

## ★ 粗腰者的衣饰建议 04

垂线显细腰（通过服装款式中的垂线设计分割粗腰）。

粗腰者无论身体胖瘦如何，都可以参考第1章中显瘦显高的全部内容，竖线显瘦是其中重要的穿衣建议。例如垂直搭在胸前的长丝巾，垂直的竖线图案或装饰物，穿着不系扣的开衫或套装，显眼的长项链，等等。

黄色的包边装饰丝带，成功地创造了垂线显瘦视错。

浅色的外套开衫不系扣子或者系一粒扣，内搭的所有服装要尽可能选深色，才会成功塑造显瘦竖线。

H形的浅色打底裙，搭配深色不系扣的外套。

长丝带的垂直装饰，分割了粗腰，使其成功变细。

## ★粗腰者的衣饰建议 05

转移视线（抢眼的款式设计安排在非腰部的其他位置，可以转移视觉对腰部的关注）。

例如：抢眼的领口装饰、鲜艳的口袋包边、漂亮的项链和胸针、夸张的耳环、艳丽的手包……

视觉焦点在领口和肩部。

袖和肩的交点处比较抢眼，可能转移注意力。

西服上装的领子和衣襟包边装饰很吸引人，红色的扣子也容易引人注目。身上的亮点不能太多，这些足够，包包自然要同色低调搭配。

漂亮的包包也会形成亮点。

胸部和袖口的设计很出挑，较好地转移了对腰部的关注。

## ★粗腰者的衣饰建议 06

不系腰带（避免系腰带或者穿有束腰的服装。也不要有任何腰部装饰物，不穿紧裹腰部或腰部过于收紧的款式）。

如果你特别喜欢系腰带，那一定要注意挑选细而窄的腰带，也要注意系的方法——腰带系出水平走向的横线效果是粗腰者的大忌，但如果斜系腰带，松松垮垮地卡在腰与臀之间，在视觉上形成斜线，反而有显瘦的效果！适合粗腰的斜线腰带也不是人人都适合的，对身材也有要求——粗腰但不算太胖、体态均匀、个子中等以上（身高160厘米以上）的朋友才可考虑。

还有一种方法也能让粗腰的朋友系上心仪已久的腰带——水平横系腰带，然后穿上开衫或不系扣的外套。由于前衣襟敞开可以露出少部分腰带，也是不错的选择。这一方法在20世纪八九十年代比较盛行。

腰带系在外套里，这种穿法更适合高个子。腰带依然是斜挂在臀部位置。

搭配裤装时，注意腰带的颜色要与裤装的颜色一致或相似。

水平系的腰带一定要外搭一件服装，腰带同样不能太粗。

服装自带同质同色腰带时，千万不要使劲系紧腰带，只能松松地斜系在臀部附近。腹部较丰满的人不适合此种款式。

硬质地的腰带，样式不宜太夸张，不要水平地系在腰上，应斜系在胯部，与服装同色或相近色最好。

# 02

# 比例的关键

## ——低腰VS高腰

低腰体形是从头顶到腰线的垂直距离较正常体形长，看起来"腰长腿短"，又称长腰体形。高腰体形腰围线较高，看起来"腰短腿长"，又称短腰体形。低腰是需要靠穿衣来弥补的问题体形，高腰则是优势体形。高腰体形可穿的服装款式较宽泛，裙装、裤装都适合，我建议多穿裤装，能更好地秀出长腿。高腰且苗条的朋友可以穿在腰部有装饰设计的服装。后面针对低腰体形给出穿衣建议。

低腰、高腰自测图例：

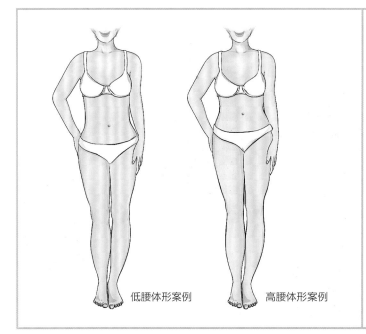

低腰体形案例　　　　高腰体形案例

测腰长（从头顶到腰围线的垂直距离），测身高（从头顶到脚底的垂直距离）。

身高近似150厘米，腰长<57厘米=高腰体形
　　　　　　　　腰长>60厘米=低腰体形

身高近似155厘米，腰长<58厘米=高腰体形
　　　　　　　　腰长>61厘米=低腰体形

身高近似160厘米，腰长<60厘米=高腰体形
　　　　　　　　腰长>63厘米=低腰体形

身高近似165厘米，腰长<62厘米=高腰体形
　　　　　　　　腰长>65厘米=低腰体形

身高近似170厘米，腰长<64厘米=高腰体形
　　　　　　　　腰长>67厘米=低腰体形

身高近似175厘米，腰长<66厘米=高腰体形
　　　　　　　　腰长>70厘米=低腰体形

身高近似180厘米，腰长<68厘米=高腰体形
　　　　　　　　腰长>72厘米=低腰体形

# 提高腰线的穿着建议

## ★低腰者的衣饰建议 01

适合穿连衣裙（多穿连衣裙或上下连身装）。

通常低腰者会显得腿短，因此穿裙子比穿裤子更好看。裙长到膝关节能露出小腿的及膝裙最佳，如：一步裙、A字裙、半身裙。到脚踝骨的长裙、扇形大摆裙或连衣裙也不错。

上下装分开穿时，注意上下装的色彩要近似。

连身裤装曾经很流行，它是适合长腰体形的服装。裤子越长越好，连身短裤只适合瘦而高的低腰体形，对于偏胖的长腰体形无论连身裤长度有多长都不适合穿。

连衣裙可以很好地将腰、臀、腿三个部位全面掩饰，看起来一气呵成！是低腰达人的首选。

在炎热的日子里选择轻薄面料，秋冬选厚面料或针织类的连衣裙。

腿不算粗的朋友可以穿任何长度的裙子。（粗腿体形的裙长建议在第3章有详细说明。）

半长外套（外套的衣长大约在臀部以下膝盖以上）也是连身装的一种，会很好地掩饰低腰体形。

## ★ 低腰者的衣饰建议 02

穿高腰装（穿提升腰线的高腰款服装）。

穿着高腰款式的服装，能最高效直观地提升腰线，长腰者无论是粗腰、细腰，或是胖人、瘦人，都适合。所谓高腰款式的服装，指服装的腰线高于身体的实际腰线，可以轻易地将低腰体形瞒天过海。

这款高腰裙很常见，腰线几乎邻近胸部，使下身明显加长了，非常漂亮地提升了腰线。此款不适合低腰胖体形朋友穿着。

高腰裤的穿着效果也很好，注意裤长至脚面效果更佳，面料要有悬垂度。

小贴士✚

低腰体形忌讳穿低腰服装，否则腿就短得找不到了！

这款韩式长衫，事实上是没有腰线的A字形服装，胸下的水平缝合线令人产生腰线的视错，提升效果不言而喻。因为款式没有束胸，所以这类A字形服装或者A字裙装也适合低腰胖体形的朋友穿着。

# ★低腰者的衣饰建议 03

穿短上衣（穿着能垫高下肢或增加下半身长度的服装）。

上衣不宜过长，以便将更多的视觉长度留给下装。下装宜选择上宽下窄的窄长造型，如锥形裤、傣族式直筒裙、西装裤、垂感飘逸的长裙裤。低腰体形的朋友要尽量穿高跟鞋，这是最便捷的、使双腿变长的方式。

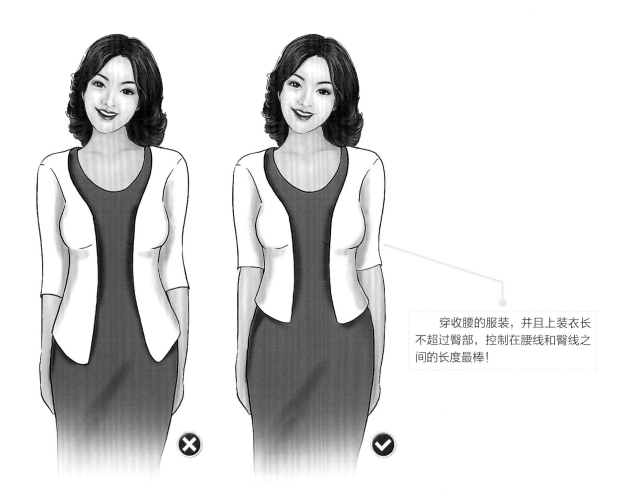

穿收腰的服装，并且上装衣长不超过臀部，控制在腰线和臀线之间的长度最棒！

开衫不宜穿太长的款式，系扣有收腰效果，不系扣敞开穿也可以，总之衣长在臀线以上为佳。

适合职场穿着的西服套装，上衣长度要短，通常在腰和臀的中间位置最佳。

短背心也可以轻松地搭配出层叠感，体胖的朋友打底衫要能遮盖住整个臀部。

上装增加横线条的设计可以缩短上身拉长下身，也可以利用竖条视错，下装穿多片剪裁的裙子，长拉链的服装等来拉长下身。

穿着短款外套搭配长款打底衫时，打底衫不要掖在裙子里或裤子里，应自然地搭在裤子外面与短外套搭配出长短不一的层次感。

无论身上混搭了几件服装，都忌讳衣长相等，否则会显得很呆板。

　　低腰者穿高跟鞋搭配裤装时，裤子的长度要能盖住鞋面，鞋子的颜色要与裤色一样或者相似，鞋跟高度建议最少4厘米。

## ★ 低腰者的衣饰建议 04

适合穿束腰装（多选择有束腰的款式或收腰合体的服装）。

低腰的好处是由于腰部较长不易囤积脂肪，所以相对来说，低腰体形细腰者居多（只是相对，非绝对），既然是细腰，那这个优点就要扬长——穿束紧腰身的服装，特别是高腰款的束腰装就更完美了。所有收腰合体的服装和有明显腰身的款式都很不错，而且因为细腰，有腰部装饰的服装也没问题。低腰且粗腰的朋友可不能使用这条建议。

束腰套装的腰间增加腰带装饰，不仅时尚还能束出细腰，腰带系在高腰位置更完美。

收腰合体的西服套装，会有很好的束腰效果。

有腰带束腰的风衣外套也很适合。束腰的连衣装，腰带与服装同色也很好。

这款连衣裙腰部收得很细，是因为腰部剪裁合体，而非依靠腰带收紧细腰。腰下的褶皱设计多了几分复古的风格，也是一款久违了的公主裙。

紧身的丝绸装饰腰部，凸显细腰魅力。

## ★ 低腰者的衣饰建议 05

上繁下简（上装款式富于变化，设计感强，以便吸引视线关注在上身，忽略下身）。

镶嵌各种装饰物的上衣，穿起来漂亮又时尚，还有香奈儿套装最经典的装饰包边短上衣（新款的胸口袋有珍珠包边），以及四袋上衣都适合。还可以选择有漂亮醒目的领子设计、口袋设计的服装，有绣花和印花图案的上衣，另外还可以佩戴首饰。

开衫 + 白色衬衫 + 丝巾的多层次搭配令上身丰富，下身搭配基础款裤子或基础款A字裙，都适合低腰者。

上身可以尽情展示缤纷养眼的艳丽色彩，也可以选择有花型图案的面料掩饰上身的长度，下身搭配单色。

有花色图案的上装，搭配柔和低调的无彩色（黑、白、灰）服装，同样秉承了上繁下简的穿着建议。

上身水平线的装饰，会在视觉上缩短上身的长度。

## ★低腰者的衣饰建议 06

宜穿套装（上下装同色或者近似色搭配，也可以采用上深下浅的色彩搭配方案）。

例如套装裙、套装裤和同色搭配的任何服装。除了黑、白、灰很容易配到同色，其他颜色买到近似色就好，直接购买上下同质同色的套装是最简便的方法。身材胖瘦匀称的朋友还可以考虑上深下浅的色彩搭配，同样可以拉长下身的比例。

同色同质的套装最易买到，是低腰OL的必备款。上下装的色彩搭配要尽量相似，但这并不意味着全身没有亮点，胸前甚至包包的色彩都可以艳丽动人。

上深下浅的色彩搭配很适合加长下身，鞋子的颜色尽可能与下装色呼应。

大衣外套和打底裤的色彩相似，身材不胖的人全身浅色调也没问题，低腰胖体形选深色的搭配。

## ★低腰者的衣饰建议 07

留披肩长发。

长发可以很好地压缩上身的长度，缩短长腰比例，比露脖的短发和高高的盘发更适合。

# 03

# 测一测"豪华臀"

## ——宽臀VS窄臀

　　臀部体形的分类有：宽臀（大臀）、窄臀（小臀）、低臀、高臀、标准臀、平臀、翘臀。东方人以平臀和低臀体形居多，有翘臀体形的很少，年过40还能保持翘臀的少之又少！翘臀和高臀都是优势体形，高臀会在视觉上拉上腿部线条。因此，腿的长短不必参考实际腿长而要看臀围线的高低。

　　标准臀，指不宽不窄的臀型；宽臀与窄臀是相对的，均为需要修饰的问题体形；低臀与高臀是相对的，低臀为劣势，高臀为优势；平臀与翘臀是相对的，平臀是劣势，翘臀为优势。

宽臀、窄臀自测图例：

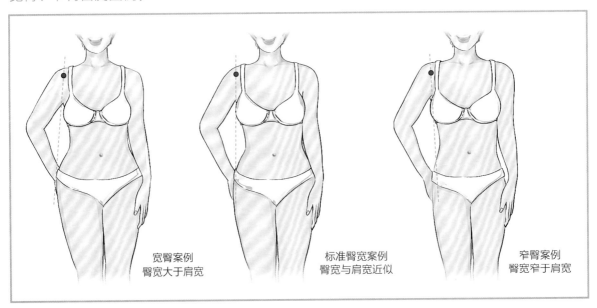

宽臀案例
臀宽大于肩宽

标准臀宽案例
臀宽与肩宽近似

窄臀案例
臀宽窄于肩宽

臀围越小越好吗？并不是！性感影星玛丽莲·梦露的臀围是91厘米，而优雅女神奥黛丽·赫本的臀围是85厘米。不一样的臀围，却各有魅力，秘密就是"上下身材比例匀称"。这是魅力臀围的标准。

臀部是否显宽，有个重要参照物——肩。让肩宽与臀宽近似，是拥有美臀最简单有效的方法！

在这里，先分享一个适用于任何臀型的服饰搭配秘技！它只有两个字——转移！让视线移开，让服装的亮点远离臀部，就这么简单！

我有个客户，28岁、身高160厘米、体重80公斤。第一次见她是在春季，她的脖子上系着的一条缀着亮片的薄纱丝巾，长长地垂在胸前，与她水灵灵的大眼睛相呼应，谁说胖就不漂亮？第二次见她是在夏季，她胸前依然飘动着美丽的长巾，灵动的图案、艳丽的色彩，让人忍不住一看再看。

她自己说戴丝巾是个人爱好。但我非常明白，她很聪明地使用了"转移大法"，闪亮的丝巾就是典型的视觉转移的穿衣技巧！更妙的是，长丝巾的两端垂在胸前，可以在身体上创造出两个竖向线条，人胖自然臀不会窄，她使用了两个修体的穿衣良方——视觉转移和竖条拉长的视错。

想要实现臀部的视觉转移，穿着的视觉亮点必须在腰部以上。体形不算太胖的朋友可以将亮点放在腰部，如果体形丰满则应放弃腰部亮点。如果是胸大的朋友，亮点点缀在胸部以上最安全。

各种首饰和丝巾的点缀搭配。

各种漂亮的领子设计。

首饰成为焦点，可吸引视线，让人忽略臀部。

# A 令宽臀变窄的穿着建议

## ★宽臀者的衣饰建议 01

用加宽加强肩部的上衣，使臀宽看起来与肩宽一致。

"肩宽和臀宽越近似，身材比例越标准"，使宽臀变窄最简单的办法就是：加宽肩部，让它与臀部等宽。加厚垫肩、高挑肩设计、军装肩章类装饰等都能有效延长肩部线条。

肩部高耸，内部填充垫肩的服装又开始流行了。

肩部的一字形设计，同样可以实现宽肩。

永远不会退出流行舞台的肩章款服装。

用面料在肩部做的任何装饰设计，都会使肩部变厚变宽。
更多加宽肩部的方法请查阅第3章关于窄肩的穿着建议。

小贴士✚

加宽肩部以修正臀围的建议并非人人适用。有两种体形要注意：

1. 肩部和背部过于丰满厚实的（尤其是胖体形者）。

2. 脖子短粗的，因为太宽太厚的肩部会令你的头身比例失调，顾此失彼，适得其反。

# ★宽臀者的衣饰建议 02

选择臀部设计简单的服装。

如果你是宽臀，肯定不希望别人把视线都集中在你的臀部。所以，臀部位置的着装，简简单单、干干净净就好。

这款裙装着重装饰了肩部，腰以下的设计简洁，而且裙子的褶件很少。这些都完美地掩饰了宽臀。

复杂的设计集中在腰部以上，腰部以下无装饰，即使有口袋也应是暗口袋，不适合穿明线口袋和贴口袋。这款大衣更适合宽臀体形。

肩部有横线装饰，下半身无装饰的连衣裙。

一步裙搭配的西服套装，穿起来简单合体，是经典款式。

小贴士 ✚

"扬长避短"是服饰学中的重要原则。不想让人看到地方，就不要突出它，还可以在其他位置制造亮点进一步转移注意力。这是任何时候都需要谨记的方法。

## ★宽臀者的衣饰建议 03

斜角的衣襟或者前衣襟偏开衫，通过视错来延伸线条。

前衣襟处如果有斜线，不论是其他颜色的包边、褶皱还是印花线条，只要是斜线，就都有显瘦的视错。这是因为斜线可以将宽度分割变窄。如果你忘了什么是"视错"，就翻回第1章看看吧！

深色上衣的下衣摆是典型的斜角款式。

跟粗腰体形一样，宽臀体形也不宜系腰带。如果一定要系，只能像这样，把腰带松松垮垮地斜搭在腰臀之间，形成斜线。

无论是剪裁线、服装边缘线或是图案等等，只要在臀部附近形成斜线都是适合的款式。

可以直接选择有斜线的图案和装饰线条的服装。

小贴士✚

上衣前面的衣襟设计如果是偏开合，也有斜线显瘦的视错效果，这样的款式在中式旗袍中十分常见。

## ★宽臀者的衣饰建议 04

衣长不能结束在臀位线，也就是臀部最宽的位置。

无论衣服剪裁多么合体，下衣摆结束处都会放松，无形中让臀围加厚加宽，尤其上下装是不同的颜色时，此条建议更要注意。那么衣摆结束在哪里最合适呢？如果你下身穿的是裙装，那么建议上衣长度结束在腰围线到臀围线一半的位置；如果下身是配裤装，那么上衣结束在臀围线以下5厘米处或者更长都可以。（图例中打底衫包裹臀部，长度超过裆位线，外搭短于腰部的小外套，非常好！）

上衣外套的长度短于臀部，内搭长款打底裙，只用目光几乎找不到臀部，修身效果不言而喻。

衣长结束在臀下5厘米处，这款毛衣外套成功地掩饰了全部臀部。

短外套的长度以在腰臀之间的居多，也有更短的。与短外套搭配的打底衬衫，其长度应包住臀部。

夏季混搭的短外套和丝质打底裙，面料柔软轻薄飘逸，也很好。

衣长至膝盖以上5厘米附近的风衣或者大衣外套，也是不错的选择。

157

## ★宽臀者的衣饰建议 05

有一两条竖向线条设计元素的服装可以拉长身形。

　　我在第1章已经详细讲过竖条显瘦的视错原理，这个原理在宽臀问题中单独使用效果显著。选择竖条图案的服装，或者不同色彩面料的拼接缝制、密集竖排的纽扣、拉链、绣花蕾丝装饰物等等，都可以让身体显得挺拔和修长。这条建议尤其适合宽臀体胖的朋友使用。

上衣的白色包边形成两条竖线，成功实现拉长显瘦视错。

胸前长长的项链，也创造了竖向线条。

长长的差色装饰布条，会有拉长显瘦的功效。

开衫与内搭打底裙之间的色差，也会创造竖向线条。

小贴士✚

前衣襟的亮色嵌边设计，也形成了竖线条。

利用长围巾也可以制造出身上的竖线条，围巾的材质不宜过厚，应有足够的垂坠感，并且颜色不应和上衣一样。

## ★宽臀者的衣饰建议 06

臀部合体的H形服装是简单的万能之选。

　　H形服装是指服装没有明显收腰，从肩点到腋下再到臀部的两侧轮廓线是垂直的平行线，因酷似字母"H"而得名。H形服装可以轻松应对人们对肩、腰、臀比例的挑剔眼光。宽臀体形想要穿H形服装，肩部一定要填充，形成上下等宽，这样才能完美掩饰宽臀。

垫肩填充肩部，微微收腰或者不收腰，臀部一定合体的修身套装。

肩部宽大、腰部宽松、臀部合体的H形连衣裙，春夏之际可选飘逸顺垂的丝绸或者雪纺类面料。

不收腰的箱形大衣外套。

这是一款百搭连衣裙，夏季单穿，春秋季可做打底裙，面料是微厚但柔软细腻的精纺织物。

小贴士✚

宽臀窄臀都可以用H形服装修饰身材，但内部结构不同——宽臀穿H形服装时需要添加垫肩，窄臀穿的时候不能加垫肩，这在实际应用中还是有很大区别的。

## ★宽臀者的衣饰建议 07

多利用短上衣、马甲、背心、围巾和开衫，多层次套穿混搭有奇效。

如果服装在臀部上下出现多层次套穿的效果，无论是开衫还是马甲类，都会创造很好的竖向分割，拉长拉瘦整个身体（包括你的臀部和腹部），这一招还可以运用在其他身体躯干部位，实现穿衣"减肥"的效果。

风衣或长款外套不系扣子，内搭打底衫和各种裤子，还可以搭配时尚漂亮的腰带，腰带必须系在外套里面，这也是宽臀体形第二种系腰带的方法。

用马甲和背心外穿的混搭方式，是实现层叠穿法的重要手段，瘦臀效果也很好。

上衣短，打底衫长，再混搭长围巾的层叠穿法能很好地扰乱视线，让人找不到臀的位置，更无从考量宽窄的问题。

总之，应在臀部出现层层叠叠的服装，越多越好。

小贴士+

使用这一条穿着建议时记得要配合第4条建议"衣长不能结束在臀位线，也就是臀部最宽的位置"，这样你就非常清楚地知道自己要选哪种长度的马甲、上衣或开衫了。

夏季轻薄的裙子也可以与任何短外套混搭。

## ★宽臀者的衣饰建议 08

利用柔软精巧的背包或挎包来掩饰宽臀。

手拿挎包时，肩带的长度要让包包恰好位于臀部。这样一来，宽臀在包包的掩护下只露出一半的宽度，有点"犹抱琵琶半遮面"的含蓄美，显瘦绝对不成问题。

包包带子的长短一定要控制在臀部的位置。

这款手持公文包也很适合，如果是选择搭配礼服的手包，包的大小一定要超过手张开的大小，才有掩饰宽臀的效果。

用来修饰宽臀的包包，要选择质地柔软、做工精细的。

小贴士✚

手挎包不能太大，这款已是极限，再大就显累赘和笨拙了。包包的面料不宜太硬，做工也要精致细密。

如果是宽臀胖体形的朋友，以上的八条建议中，只有第一条需慎用（加宽加强肩部），其他建议均可采纳；如果你是宽臀非胖体形，那么以上建议全部可以采纳。总之，宽臀并不意味着也是胖臀。

如果你因为体胖所以臀部非常丰满，是丰臀而非宽臀，那么请直接翻到本章最后的小节"小肚腩隐形大法"。

# B 令窄臀变丰满的穿着建议

## ★窄臀者的衣饰建议 01

肩部的款式要尽量简单，不要填充肩部，更不能添加有蓬松感的装饰物。

臀窄的人自然会显得肩宽，你不需要例如垫肩、泡泡袖、肩章等有堆砌和填充感的服饰，同时，肩部的剪裁要简单，无肩缝的服装最好，这样可以弱化肩部，不会将视觉重点放在肩部。你应参考第3章中关于宽肩的衣饰建议，那些款式都可以弱化肩部。

肩部没有剪裁和缝合线的款式更好。

插肩袖的服装，可以弱化肩部。

西服套装中简单平滑的肩袖衔接缝合线。

肩袖的两条左右缝合线呈现"八"字形。从腋下开始逐渐向脖子方向靠拢，形成的八字斜线可以形成肩窄的视错。

有弹力的针织类服装更能很好地弱化对肩部的关注。

小贴士✚

这一条建议要结合下面的建议2和建议3一起使用，减弱肩部装饰的同时加强臀部的装饰设计，或者选择臀部位置宽松肥大的服装。

### ★窄臀者的衣饰建议 02

衣服在臀部的设计应复杂，臀部多用装饰物。

许多服装的装饰设计元素，例如荷叶边装饰、蕾丝花边、绣花、口袋，都是很好的臀部填充物，丰臀效果非常好。

在臀部位置有口袋的服装也起到填充臀部的作用。

肩部的款式简单，臀部有褶皱的裙子，蓬松的裙摆能让臀部显得丰满。

卡在臀部的装饰腰带，臀部的绣花、荷叶花边、蕾丝边都有丰臀效果。

在裙子的表面，用面料层层叠叠的装饰为臀部增肥。
一些牛仔类的服装，在臀部装饰铆钉，镶嵌时尚的水钻、亮片和珠子，等等，效果也很好。

小贴士✚

臀部的口袋，不论是身后还是身体两侧，都有修饰的作用，选择带有翻盖的口袋当然好啦！如果是立体口袋（如图：有厚度的口袋，可以立体凸起）就更有效了！

## ★ 窄臀者的衣饰建议 03

选择在臀部放宽松的服装款式。

穿上臀部放宽松的衣服会让窄臀的你实现上肩和下臀等宽的效果，有点像孕妇装一样的宽大裙摆，伞形裙、大A字裙，还有披肩类的服装，服装底边垂在臀部，囤积了大量的面料空间，丰满窄臀的效果绝好！

外搭开衫和不系扣子的外套，都会形成H形的服装外轮廓，注意打底衣衫不要系在裤子里。

此款外套是扇形的外轮廓，肩部剪裁非常合体，从肩部以下的服装轮廓越来越宽大，没有明显的收腰，臀部的贴口袋设计更添臀部丰满度。

臀部宽松的锥形裤，丰臀效果很好。也很像军裤，窄臀者多瘦人，穿起来帅气又精神。

这款A字形长款的运动外套很适合。运动服的面料普遍较厚，含棉量较高，穿着舒适，适合休闲时光。

这款外套是标准的H形服装轮廓，完全没有收腰，从肩到臀都一般宽窄，直筒剪裁，衣摆下端有皮草的装点，更显得臀部丰满。

小贴士➕

哈伦裤在臀部和大腿位置设计了很多褶皱，小腿却是收紧的，强化了对比效果，也是窄臀美女的好选择。

## ★窄臀者的衣饰建议 04

衣长结束在臀部最宽的臀位线处。

上衣的长度结束在臀围线或臀位线附近，可以利用衣摆增加臀部宽松和翘起的程度来填充臀部。如果上下装的颜色差距很大，或色彩对比度很强会更好。因为，上下装强烈的色彩对比度，会让结束在臀围线的上衣结束线特别抢眼，而水平方向的衣摆结束线有拉宽臀部的视觉效果。

衣长在臀部的针织衫、毛衣类服装，搭配有口袋的休闲裤会更好。

春夏季，薄面料的服装搭配，忌讳太包裹身体的款式或面料。

衣长结束在臀位线，搭配有光泽面料制成的裤子（包含亮皮裤），会为你的下半身整体增加丰满度。

衣长结束在臀位线的上衣搭配A字裙，更增加了丰臀效果。

层叠穿着时，打底衫的衣长最好至臀部。

165

## ★ 窄臀者的衣饰建议 05

选择在臀部有特别设计感的服装款式。

我说的"特别设计感"包括所有横向线条，比如面料上的横条纹印花图案，横条纹的各色包边，以及水平方向镶嵌的蕾丝、绣花、缎带、珠宝亮片，等等。

小贴士 ✚

现在很多运动款服饰都会在臀部设计一排英文字母，这种横向线条化的装饰非常起效。如果这排字母的中心还略微向上形成弧线，就更具美臀效果了！

上衣底边有装饰条纹，或者服装结束处有松紧带勒口。

臀部的绣花或者其他装饰物形成的一条横线。

在臀部有横条纹图案的长款针织衫外套。

许多上衣的底边都用鲜艳的亮色或包边处理。

## ★ 窄臀者的衣饰建议 06

穿A形或X形轮廓的服装。

这条建议非常实用。因为哈韩哈日潮流的风行，A形服装很多见，比如臀部非常宽松的A形裙子；腰部收拢臀部放宽松的X形裙装和风衣类的服装也很多，尤其是炎热夏季穿的裙装。这些服装看起来活泼可爱，穿起来轻松舒适。

小贴士

飘逸的大裙摆很适合窄臀人，要注意避免太薄太软的面料。太薄会透视到窄臀，太软又容易包裹身体看出窄臀。

夏季，韩版的高腰小衫。

有硬度的A字形纱质裙子也能很好地丰满臀部。

近几年非常盛行穿无袖针织衫（像披风一样），也是标准A字形，穿着宽松随意。

蝴蝶结设计和腰部以下的褶皱储备了大量面料，很好地填充了臀部，令其丰满。夏季A字裙面料不宜轻薄贴身。

韩版无收腰短外套，从胸部以下开始逐渐放宽，上衣像裙子一样，典型的A字形服装轮廓。

## ★窄臀者的衣饰建议 07

穿着束腰或束臀的服装。

在时尚舞台上，腰带一直作为亮点不断变换，从不落幕。它们由宽变窄，由厚变薄，由单孔变多孔，由简单的皮质变成各种材质。腰带之所以会变化多端、层出不穷，有一个重要原因——腰带有束腰的功能。在腰部到臀部形成自然放松的褶皱，正好丰臀，所以窄臀的朋友可以穿着配有腰带的服装。腰带可以勒紧，也可以不勒紧，松松地搭在腰臀之间，都可以很好地实现丰臀效果。

夏季的束腰裙装会有复古的公主气质，面料须选择蓬松的、有硬挺度的。

这款混搭的服装，添加腰带实现束臀是关键。

小贴士✛

穿着有腰带的束腰裙装，可以很好地放松臀部，腰带自然束出的褶皱令外套裙装飘逸美丽，成功塑造窄臀女士的动人曲线。注意避免选轻薄的面料。

如果你属于非常少有的丰满窄臀体形，四平八稳地水平系在腰间的腰带就不适合了，应选择松垮式的斜系腰带。

# 04

# 高臀秀长腿

## ——高臀VS低臀

深谙时尚之道的作家张爱玲，发觉中国女性的臀位普遍偏低，将其形容为"坐着像坐着，站着，也像坐着"。高臀就意味着腿长；腿短，臀肯定低。这说明臀位高低直接影响着腿的长短。高臀是优势体形，低臀是问题体形。接下来，我针对如何"扬长"、如何"避短"，分别给出建议。

高臀、低臀自测图例：

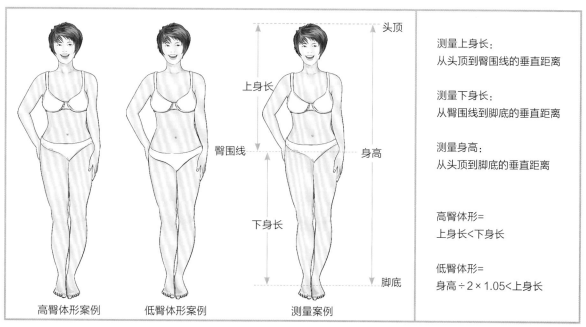

测量上身长：
从头顶到臀围线的垂直距离

测量下身长：
从臀围线到脚底的垂直距离

测量身高：
从头顶到脚底的垂直距离

高臀体形=
上身长<下身长

低臀体形=
身高÷2×1.05<上身长

高臀体形案例　　低臀体形案例　　测量案例

# A 展示高臀魅力的穿着建议

## ★高臀者的衣饰建议 01

高跟鞋、中跟鞋或者低跟鞋，随便穿！

高臀体形的人，大多有让人羡慕的长腿，适合各种高度的鞋跟。平日里你可以尽情地穿着平跟鞋或者低跟鞋，而不显得腿短，但是重要的场合，穿着高跟鞋不但可以约束行为礼仪，更可以体现女王般的强大气场！只是，如果你比较瘦的话，穿过高的高跟鞋容易形成腿部线条超长的视错，致使比例失调。

这一排是高度适中的中跟鞋。

这一排是舒适的低跟鞋和无跟鞋。

## ★高臀者的衣饰建议 02

低腰裤或低腰剪裁的裙装，更能凸显诱人的腰臀曲线。

低腰款式指下装的腰位线比身体实际的腰位线要低一些，例如低腰裤、低裆裤、垮裤都适合高臀的朋友穿着，裙装中的一些低腰裙、垮裙也是不错的选择。

这是一款低腰连衣裙。

夏天的露脐装，是上衣短衫搭配低腰裤的形式。

图中的一步裙是低腰款，裙子的腰线没有束在身体的腰位线上，而是松松地落在胯骨上，令职业装多了一份随意和洒脱。

低腰休闲裤，常常会露出肚子和肚脐，可以穿出慵懒和舒适的感觉。

小贴士✚

露出肚脐位置的上装也有突出腰臀的作用，请大胆尝试！

## ★高臀者的衣饰建议 03

### 穿裤装比裙装还要好看！

　　没有哪一种体形比高臀体形穿裤装更好看了！长长的腿部线条可以让裤型修长挺拔，裤子的长度随意，可以是任何长度：五分、七分、八分、九分或更长的裤子。

适合穿着各式各样的紧身裤或者打底裤，再搭配靴子。

有垂感的面料做成的阔腿裤，不但凸显你的长腿魅力，还可以掩饰高臀体形中偏胖的问题。

面料悬垂剪裁合体的西装长裤，非常适合体形偏胖的高臀朋友。

这条七分裤很适合，其他裤子的长度也可任意选择。

# ★高臀者的衣饰建议 04

### 各种长度的短裙、短裤都适合，越短越可以秀美腿！

如果你是完美高臀加修长腿形，那你适合热裤、超短裙及各种长度的短裤。不过穿着这些短裤、短裙，鞋跟带一点高度会更加完美——因为短裙、短裤会让长腿变短，有鞋跟会补回一些长度。

用各种口袋或者其他装饰物点缀的时尚短裤造型都很好。

帅气十足的牛仔短裤，可以尽情地秀出热辣的长腿。

女人味十足的短款裙裤。

短款的连衣裙或超短裙很流行，一样能秀出长腿的魅力。

## ★高臀者的衣饰建议 05

下装的款式可以变化丰富，多用装饰设计元素。

　　既然有了美臀美腿，那请你尽情展现这个优势。你的下装可以穿得很精彩，款式可以变化丰富，多用装饰物点缀，下装多搭几件形成多层次混搭或者套穿，都超赞！例如多口袋休闲裤、翻角裤、花边裙、塔裙，在裤长或裙长结束处有花纹图案等装饰元素的款式也很容易买到。

裙子在腰部以下设计了很多装饰褶件，层层叠叠的塔裙效果也很好。

臀部的荷叶边装饰，穿在高臀者身上格外柔美动人。

裤腿有很多口袋的装饰，看起来很时尚，但若不是高臀体形穿，一定会显得腿很短。漂亮时尚的服装也要穿对了才好看。

可以让下装变成亮点，而不会显得个子矮。

## ★高臀者的衣饰建议 06

下装可以尝试各种图案花色的面料！

高臀体形的朋友如果身材保持得当，不显胖的话，几乎就是完美的体形了。你可以随意装点身体的部位，令人眼前一亮！比如很多人都不敢穿的大花裤子，却像是为你量身定制的！几何图案、花草图案、抽象图案……时尚漂亮的下装由你尽情展示！

单色上衣搭配花色裙子，全身充满夏日的阳光味道。

休闲花色裤子，在郊游时穿着很适合。

艳丽花色图案的打底连衣裤。

花色打底裤，很适合高臀体形。

简单款的绿色上衣搭配出彩的豹纹打底裙。

小贴士✚

营造亮点的时候，全身的亮点最好只有一个，过犹不及，过多分散的亮点会显得造作，也让人分不清主次。

# B 提升低臀的穿着建议

## ★低臀者的衣饰建议 01

高跟鞋可以增加身高，提高腿部长度比例，同时起到提臀的作用。

法国国王路易十四有高跟皮鞋，中国清朝的贵妃、格格们有花盆底鞋，人类在中西方文明发展历程中不约而同地创造了高跟鞋。对于短腿低臀的朋友，我首推高跟鞋。它能直接拉长腿部线条。低臀又亟须提高臀位线时，高跟鞋必不可少。

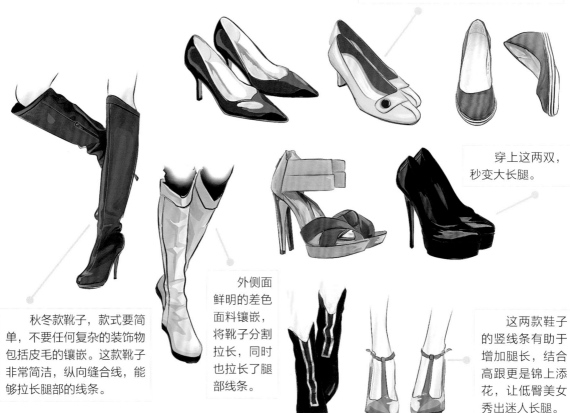

这三双都是既能提臀、长腿又可舒适穿着的中跟鞋。

穿上这两双，秒变大长腿。

秋冬款靴子，款式要简单，不要任何复杂的装饰物包括皮毛的镶嵌。这款靴子非常简洁，纵向缝合线，能够拉长腿部的线条。

外侧面鲜明的差色面料镶嵌，将靴子分割拉长，同时也拉长了腿部线条。

这两款鞋子的竖线条有助于增加腿长，结合高跟更是锦上添花，让低臀美女秀出迷人长腿。

## ★ 低臀者的衣饰建议 02

穿高腰裤或者高腰剪裁的裙装。

无论是上装或是下装，都应穿能提高腰线的服装。服装中的腰线设计比身体实际的腰围线提高半寸甚至一寸，利用高腰提升腿部长度，可以有效地改善低臀，形成高臀视错。

高腰休闲裤不能搭配太长款的上衣，也不要将上衣束在裤子里，应松松地搭在裤子外面。

高腰裙子打底内搭，外面加开衫外套。

夏天的高腰七分裤，再搭配马甲背心最好！

高腰款的连衣裙穿起来很提气。

## ★ 低臀者的衣饰建议 03
穿裙装比裤装好看，尤其适合连衣裙。

低臀体形必定是上身长下身短，穿裤子极易暴露腿短问题。穿上裙子就不一样了，裙子只有腰没有裆位线，根本找不到臀围线的具体位置，所以掩饰低臀效果最佳。尤其是连衣裙，连同腰腹一起遮盖，通体模糊了你的身材比例。

宽松飘逸的长款外套或者风衣都能很好地掩饰臀部。

秋冬季，可以穿各种类似裙装的外套大衣或者是厚面料制成的针织外套。

合体的连衣裙，是四季皆宜的百搭款。应根据季节选择面料厚薄不同的连衣裙，袖子的长短也随季节调整。

面料顺垂的裙裤，一定要穿长至脚面的才好，换成婀娜的长裙也没问题。

小贴士 ✛

像裙子一样的长裤也可以穿。面料薄垂、多片剪裁、长至脚面、飘逸宽阔的裙裤一样有提升低臀的作用。

只有高腰款连衣裙可以微微束腰，这款黑色连衣裙收腰的位置比身体实际的腰位线提高大约3厘米。

还要注意搭配的打底裤颜色不能太艳太花。

## ★ 低臀者的衣饰建议 04

不适合穿有明显束腰的服装。

裤子属于有明显束腰的服装，所以裤装不是低臀体形的首选，尤其是将上衣全部束入裤子中的装扮。只有高腰线的连衣裙可以微微束腰，通常还是应尽量选择没有明显束腰的裙子。穿搭配上衣的半裙时，不要将上衣全部束入裙子里，这样一来，各类长裙、短裙、A字裙、一步裙、大摆裙……都能完美穿上身！再提醒一遍，低腰线的裙子慎选！

夏季宽松随意的H形连衣裙。

低腰体形不适合穿裤子。如果要穿，以长至脚面的长裤为佳，上衣宜放在长裤外。这款有明显束腰的裤子，一定要搭一件H形长外套，鞋子应与裤子同色。

束腰裙，穿在里面，外面加一件外套开衫就ok了！

小贴士➕

低臀的你穿长裤的话要非常注意技巧：将内穿打底衫束入裤子中，外搭一件不系扣子的外套（高腰线的款式更好），让外套恰好掩饰在裤子束腰一半的位置，就能实现"避短"的效果。

# ★ 低臀者的衣饰建议 05

臀部款式简单，较少装饰物点缀。

　　腰部以下尽可能款式简单，臀部附近绝对不要装饰。例如臀部前后不要口袋，减少装饰扣，不要绣花、蕾丝、花边等。时尚新潮的牛仔裤总是会在臀部大做文章，比如添加清晰的明线、绣花、纽扣、水钻、金属铆钉等等这些都很有装饰感，但不适合低臀体形者穿着。应选择没有装饰的简单款牛仔裤，前后口袋的明线也要越少越好，暗色比浅色更好。

微微束腰的连衣裙，搭配漂亮的围巾让视线集中在上身，臀部无装饰设计。

简单的外套大衣，尤其臀部的设计非常简洁干练。

臀部只有插口袋的设计，外套的设计重点在肩部。

牛仔裤背面的设计也要简单，尽量少装饰物，后口袋的位置越高越好，添加竖长的裤中缝会加长腿部线条。

牛仔裤正面的设计要简洁，装饰物要少，口袋的位置越高越好。

## ★ 低臀者的衣饰建议 06

下装选择单色或深色，比花色的要好。

穿连衣裙或上下装同色的服装，可以选择全身有图案的花色面料；上下装花色不同时，可以选择上花下单（上衣花色下装单色）的搭配方法，忌讳上单下花（上衣单色下装花色）的搭配。

小贴士 **+**

鞋子的颜色也请尽量与下装的颜色一致，例如黑裤子搭配黑色鞋，白裙子搭配浅色鞋子，等等。在夏天裸腿的季节或是穿着肉色丝袜的时候，鞋子也要尽量穿浅色，冬季穿靴子时靴子也要和打底裤一色。

经典的西服搭配款式简单的打底裙或者一步裙都适合。

时尚漂亮的豹纹上衣，搭配简单随意的牛仔裤。

漂亮独特的上衣款式，搭配简单的一步裙装，裙子、丝袜、鞋子的颜色要尽可能一致。

小碎花的上衣，搭配浅色下装也很好。

## ★低臀者的衣饰建议 07

转移视错，上下装一致的色彩做打底，上身鲜亮突出的服饰创造视觉亮点。

穿着上下装颜色一致的套装时，与穿了连衣裙是一样的效果，低臀的朋友穿了好看的原因也在于此。当然除了套装裙，套装裤也有一样的好效果。上下装同质同色会有效地拉高身材。如果嫌全身一个颜色的搭配令形象缺乏变化，还可以运用转移视错，在上身创造亮点。用闪亮突出的饰物点缀在上半身，例如特别的领口设计、丝巾、首饰、胸饰、胸口袋、胸前的绣花、包边上衣、荷叶、蕾丝装饰等等，都是很好的转移视错元素。

下半身的色彩搭配尽可能统一，不论深浅都能很好地掩饰臀部。

鲜艳的项链吸引目光，服装的色彩简单统一。

鲜艳漂亮的打底背心，很容易吸引眼球，可搭配同质同色的套装。

穿款式简单的靴子，尤其不能要横方向的装饰，靴口也不要任何装饰。

鲜艳的绿色围巾吸引目光，橄榄绿的外套和裙子则是同一个颜色。

# 05

# 胖妞妞的魅力翘臀
## ——平臀VS翘臀

臀部的宽窄是从正面看到的结果，臀部的高低是位置关系，即臀部处于身材整体中的位置。接下来要说的是臀部自身的形状——我们最关心的，无非是平臀还是翘臀。

我的形象学堂中，曾有一位20出头刚刚大学毕业的小学员，因为从小贪吃少运动，所以身材有些胖。她开朗活泼，课间休息时会在教室里模仿动物和明星，令人捧腹大笑。有一次上体形测量课，我教大家进行全身各处的细致测量，为的是确认每个人体形的优缺点。一番测量后，胖妞妞没有择出几条优点，但她却开心地说："静老师，我有翘臀，这是极少人才有的优点！"

在亚洲人中，翘臀是绝对的优点，除非是因为疾病形成的激素臀。如果你不能坚持在健身房挥汗如雨、大练提臀功"深蹲"的话，不如跟我一起，通过服饰搭配来使臀部显得挺翘。

翘臀、平臀自测图例：

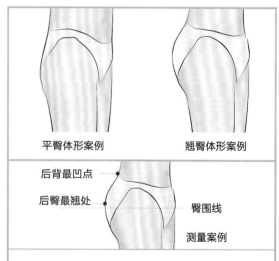

平臀体形案例　　　　翘臀体形案例

后背最凹点
后臀最翘处　　　　　臀围线
　　　　　　　　　　测量案例

平臀体形特征：
1.很不容易找到后背凹点，这个凹点在后腰和脊椎骨的交汇处。
2.后臀最翘处也不容易找到，如果有也会低于臀围线的位置。

翘臀体形特征：
1.很容易找到后背最凹点。
2.后臀最翘处与臀围线一致或者高于臀围线。

# 使臀部变翘的穿着建议

## ★平臀者的衣饰建议 01

装饰臀部（在臀部缀满装饰的款式设计）。

穿裤装时，在后臀位线添加凸起的装饰物，例如后臀口袋、凸起的立体绣花、荷叶、褶皱等，这些装饰物可以很好地垫高后臀。若装饰物的位置能保证在后臀位线以上出现，就更完美了。翘起的臀部会令腿变得修长，尤其能改善个子不高、下身偏短的身材。

小贴士✚

上身如果穿简单的T恤衫，可以把后背的下摆随意拉成两端向下的弧线，一样可以营造出臀部的曲线。

牛仔裤或者牛仔裙后臀的口袋上总是伴随着流行元素，带盖的口袋和牛仔明线都很好！如果镶嵌了铆钉、水钻、亮片、绣花等装饰物，会更时髦又漂亮。

裤子的后臀是八字形的剪裁或明线，上扬的八字形弧线会明显挑高翘臀。

无论裤装还是裙装，在后臀添加褶皱或者荷叶花边，都有填充和垫高后臀的效果。

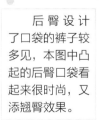

后臀设计了口袋的裤子较多见，本图中凸起的后臀口袋看起来很时尚，又添翘臀效果。

凸出的口袋盖也有翘臀效果。

## ★平臀者的衣饰建议 02

选择收腰放臀的上衣款式，衣摆的形状像裙摆一样张开。

想要将后臀填充垫起，上衣不能太长，刚刚到臀部或者略微盖住臀部即可。腰部剪裁尽量收腰合体，从腰线以下开始利用皱褶让衣摆逐渐放宽，宽松的臀部下衣摆和细腰形成宽与窄的强对比，下衣摆结束处形成波浪形，像给上衣装了一个裙摆。面料要有一点点硬度，这样才会使波浪衣摆硬挺有型地腾空架在臀上，后臀便优美地翘起来了。

面料硬挺的西服外套，臀部款式向外翻翘。

长至臀部的上衣外套，在臀部增加额外的装饰元素，既柔美又翘臀。

上衣腰间系上一条细腰带，可以将腰部的面料收拢，衣摆结束处则会自然弯翘，撑起平臀。下装搭配的鱼尾裙也不容小视，它也在努力创造翘臀的形象。

此类款式也是中世纪宫廷贵妇的最爱。

收腰放臀的X形西服背心，面料通常都有硬挺度，并且有内添里料，臀部会自然有型地外翘。

185

## ★平臀者的衣饰建议 03

穿X形轮廓的服装或公主线剪裁的裙装。

所有X形服装都有很好的收腰，这些细腰的裙子或外套，从腰部以下通过面料的褶件逐渐变宽，丰满臀部，直到后臀微微鼓起。这样的款式在欧洲中世纪的宫廷礼服中非常普遍，在近代最典型的代表就是著名的迪奥新风貌（New Look），就像将宫廷贵妇礼服裙的长裙剪短了。

面料有硬挺度的裙子，可以很好地支撑出X形大裙摆。

收腰散摆的大衣外套，可以穿出端庄典雅的贵族气质。

合身的上衣搭配A字形半裙，上衣塞进裙子里。这样可以成功塑造出X形衣着轮廓。

夏季的大摆裙，腰部收拢合体，裙摆宽大飘逸。

## ★平臀者的衣饰建议 04

穿鱼尾裙时，注意选择厚面料或者硬挺有型的面料。

还记得童话世界的美人鱼吗？没有下肢却抹杀不了翘臀的美姿，就像鱼尾裙，款式方面虽然没有在臀部做文章，但是独特的剪裁和良好的曲线裙型，间接地实现了翘臀的形象。

曲线剪裁的合体牛仔裙，下摆添加的荷叶花边更强化了翘臀的曲线。

裙长落地的礼服裙，设计成鱼尾形，创造最佳翘臀体形。这类款式在新娘的白色礼服裙中也很常见。

一步裙款式在裙摆结束处添加荷叶边，也会穿出翘臀的鱼尾裙效果。

裙摆下面添加的褶件，凸显翘臀魅力。

斜裁的A字裙，裙摆的幅度无论大小，穿着时都会有很好的悬垂效果。

小贴士+

塑形内裤、调整型内衣，都有提臀效果，内衣与外衣相配合可以达到更为理想的提臀效果！

# 06

# 肚腩隐形大法

## ——赘肉腹VS扁平腹

我有位闺密叫竹竹，人如其名，身高160厘米体重40公斤，腰围50多厘米，这还是午餐之后的数据。竹竿一样的竹竹终于在两个原因的驱使下决心增肥。一是体检时医生说她需要增加营养；二是准备半年后结婚的她，一直没有找到满意的婚纱——即使合体，但毫无性感曲线。为了健康的身体和窈窕的身材，竹竹的增肥计划正式开始。

5个月后，体重真的增加到了50公斤，但随之而来的却是身材大走样——增加的10公斤似乎全在腹部，若是晚餐之后，腹部突起，她低头竟会看不到自己的脚！

在塑造完美体形的路上，现实要多残酷就有多残酷。如果你曾为自己腹部的赘肉而焦虑，那看过这个故事就可以释然了。除非特别瘦的少数人，绝大部分人都有小肚子，而且成年女性的体形变化往往都是先从腰腹部增大开始的。佛蒙特大学曾对178名年龄在20～60岁之间的妇女做过一项研究，尽管她们都有着健康的体重，但是年龄最大的妇女腹部的脂肪比年龄最小的多了55%。

肚腩其实是个相当综合的问题，因为微微发福的肚子常会伴随着腰粗、臀宽，也就是说，想要完全藏匿肚腩，还要同时解决粗、胖臀的问题，要依靠综合性的穿衣技巧。

就像"翘臀"一样，我没有把"扁平的小腹"列入问题体形，因为扁平腹确实不算缺点，可以穿着的款式非常多。若你执意要对其进行"塑形"，我想你的穿衣问题不仅仅是丰满扁平的小腹，而是考虑如何成功地丰满整个身体，可以参考"如何增肥显胖"的穿衣建议。

接下来，我就针对"如何掩饰发福的腹部"给出详细的着装建议。

# 掩饰肚腩的穿着建议

## ★腹部发福者的衣饰建议 01

填充胸部，穿着能增加胸部丰满感的服装。

怎么样，有没有吓一跳？每次我上课时说到这条建议，总是先带来一片哗然——掩饰肚腩居然和胸的大小有关系!

是的! 当胸部饱满时，腹部再怎么丰满也显不出来了，这就是答案! 明白这点，你就知道为什么有些人不算太胖，却一直说自己肚子大的原因了，仔细看，她们肯定是平胸。
丰胸的捷径，首先是买一件合体饱满的胸衣，其次就是增加胸部的装饰物。除了以下图例，还可以参考第3章的相关内容。

此款服装中，用于打底的衬衫在胸部设计了很多褶皱装饰，若是增加项链也没有问题，这些元素统统可以丰满胸部。

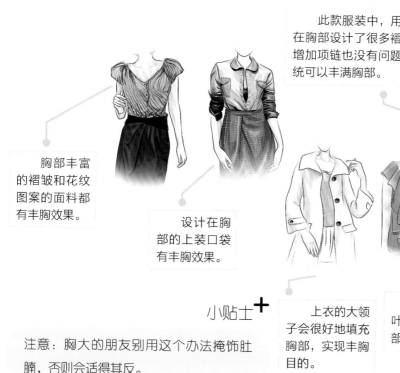

胸部丰富的褶皱和花纹图案的面料都有丰胸效果。

设计在胸部的上装口袋有丰胸效果。

上衣的大领子会很好地填充胸部，实现丰胸目的。

飘逸美丽的荷叶花边，装饰在胸部时也可丰胸。

小贴士✚

注意：胸大的朋友别用这个办法掩饰肚腩，否则会适得其反。

## ★ 腹部发福者的衣饰建议 02

穿能垫宽肩部的款式，以平衡腹部。

穿着有垫肩、肩章、大翻领等加宽肩部元素的款式，这些服装可以填充并加宽肩部。结实饱满的肩部可以在视觉上弱化凸起的腹部，使得上肩与下腹在宽窄度的大小落差中得以平衡。

肩部的花边装饰，可以令肩部膨胀，变宽变大。

包裹肩部的大领子很适合，如果在夏季选择大领的裙装，领子要选挺括有型的款式。

在肩部内部填充厚的垫肩，有最直接的效果。

齐肩的大领和泡泡袖会很好地填充肩部。

小贴士＋

此建议只适用于窄肩的朋友。如果你是宽肩又大腹的特殊体形，请慎用本条建议。

## ★腹部发福者的衣饰建议 03

选择"一字形"衣领款式，创造显眼的肩部水平线。

一字形的衣领款式现在也很常见。一字形领口、船形领、肩部水平线装饰物、胸部水平横线装饰、胸部口袋的明显包边等，都可以营造一字形效果。关于这些款式更详细的说明在加宽肩部的章节中也有。同上一条建议，宽肩大腹的特殊体形要慎用本条建议。

肩部镶嵌的图案装饰，形成一字形的轮廓。

肩部和胸部的横线图案，可以加宽肩部。

不对称的一字形领口款式，一样可以加宽肩部。

胸部的水平线剪裁同样可以加宽肩部。

腰部宽松的连裤装，穿起来青春可人，此款服装适合腿细且比较匀称的朋友，矮个子的朋友也要慎穿。

## ★腹部发福者的衣饰建议 04

适合穿着没有明显收腰的H形轮廓的服装。

服装外轮廓是H形的服装腰部较宽松，没有细腰的对比，就不会显出肚腩，服装在腹部和臀部剪裁合体，不肥不瘦刚好包裹着大腹的赘肉。如果是大号肚腩的话，我建议H形服装的衣长不要太短，要能盖得住整个腹部，如果上衣短于腹部，那么上下装的颜色尽可能一样，这样会延长上衣底边线。这样看来，轮廓是H形的服装未必是一件衣服，也可以是几件混搭，只要混搭后没有明显束腰，保留上下等宽（肩、腰、腹等宽）的H形就好。

选择H形短款外套时，注意内搭的上衣不宜系在裤子或裙子里，随意地放在下装的外面，就不会形成束腰（不宜选花面料，易显胖）。

服装底边宽大的套头衫。

小贴士 ✛

长款H形服装，如果是在超过臀部的服装下摆部分慢慢收窄的款式，则更棒！

秋冬的厚针织连衣裙也要选择无收腰款式的。

H形长款外套或风衣，不系扣子能更好地掩饰肚腩。

## ★腹部发福者的衣饰建议 05

选择不易皱、不包裹身体的面料。

一些柔软有弹力的面料因为穿着舒适，常常是胖体形朋友的首选。但这些面料比较薄而贴身，很难解决肢体活动时面料出现皱褶的问题，而且很容易勾勒出腹部层层叠叠的赘肉。要选择有硬挺度又不失柔软、舒适的面料——有厚度的弹力面料不易起皱，做过防皱处理的天然纤维面料（棉、麻、丝等）也很好。

做过防皱处理的衬衫面料穿着效果也很好。注意，打底衫要保证穿起来没有卷边或起皱的现象，尤其是穿着弹力面料的打底衫时。

挺括面料制成的西服外套，无论怎么活动衣服都不会走样。

柔软且不失硬挺度的面料制作的服装，会很有型。

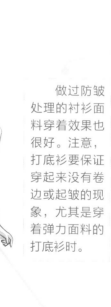

厚面料制成的服装，不易起皱，穿起来很整齐有型。

通常制作外套和大衣的面料都不易起皱。

193

## ★ 腹部发福者的衣饰建议 06

有印花图案的面料可以掩饰腹部。

如果体形微胖，只有小肚腩，用印花图案上衣或连衣裙就可以掩饰凸起的小腹；个子较高或五官比例较大的人可以选择中等大小的图案；个子较矮或五官精巧的人适合选小花型图案。本条建议不适用于体形过胖的朋友——有图案的服装可以掩饰丰满的腹部，但同时会令整个体形变得更胖，顾此失彼，又添遗憾！

只有前胸有图案，且图案分布不均衡，大致是竖向方向，或者呈斜线的图案分布，无论体形多胖，都能成功地掩饰大腹。

夏季常见的花色图案连衣裙。

几何图案的服装都可以穿，只有圆点图案容易让你的整个身体显胖，所以加一件单色外套比较好。

小贴士 ✚

仅是胸前有图案，其余部分都是单色的衣服也可以选择穿着。这样的服装不是依靠图案掩饰腹部，而是利用转移视错的方式。

胸前有各种图案或文字的T恤衫和运动服，无论体形有多胖，这样的服装都能掩饰腹部。
要选择适合自己年龄的图案。

# ★ 腹部发福者的衣饰建议 07

穿开衫或者制造多层次长短不一的服装混搭。

层叠穿法为什么流行多年依然时髦？因为它确实可以掩盖很多体形缺点。多件服装长短不一地层叠让人眼花缭乱，肚腩便可以瞬间遁形。这一方法看似简单，其实并不容易，把握不好长短不一的"层叠"，就会变成七长八短"乱叠"，有很多搭配细节需要注意。请仔细看下方的图示和说明。

马甲选择柔软面料，会穿出飘逸之美。掩饰肚腩的重点是马甲要敞着穿，同时打底衫的长度应短于或长于马甲，不宜与马甲等长。

春夏季混搭开衫时，不要死板地系上全部的扣子，最好不系或是系腰间一粒扣。开衫的长度不要和打底裙一样长。

西服套装不系扣子会变成开衫款，比系扣子穿更能掩饰大腹。

齐腰长的短外套搭配盖住臀部、长至腿部的长款针织衫。

小贴士 ✚

上衣超过臀部时，切忌将其披在裤子（或裙子）里，应让它自然搭在裤子外面。

秋冬厚外套不宜系扣或只系腰间一粒扣。

195

# ★腹部发福者的衣饰建议 08

服装款式的前面有垂线设计元素。

"垂线"在这里又可以理解为"竖线"，竖线显瘦视错在第1章已经讲过。衣饰中实现垂线的方法包括：显眼的长拉链，密集扣子形成的垂线，开衫与打底衫的差色搭配，背带裙和背带裤上两条鲜明的背带，面料的竖线剪裁，一到两条竖线条图案，垂在胸前的长丝巾，等等。

竖长款的项链，也会很好地拉长身体掩饰肚腩。

色差鲜明的坎肩背心也会有垂线视错。

大衣外套的前门襟包边，装饰出一条垂直的长线，可以在视觉上拉长身体，掩饰肚腩。

服装中竖线条的图案或面料拼接形成的竖线能很好地修身。

鲜明的长款围巾或者丝巾，也可以很好地创造竖线条。

## ★腹部发福者的衣饰建议 09

选择在腹部和臀部位置较宽大的服装，比如披肩、A字裙或扇形衣摆等款式的服装。

近几年披肩的盛行，已经让简单的披肩和复杂的衣服合二为一，保留披肩下摆肥大的样式后，添加扣子或袖子让它变得更实用，宽大的披肩下摆可以掩饰大腹。当然，所有腹部和臀部处设计宽大的服装都有这样的功效。

A字形长款休闲外套，衣服的下摆也非常宽大。

裙摆宽大的服装，裙子张开也是扇形。

加长款的披肩，可以掩饰手臂和臀部的所有缺点，当然手必然要露出来，不然就累赘了。

披肩的改良款，斜线的下摆更有掩饰肚腩的视觉效果。

打底衫宽松肥大，搭配马甲很能掩饰肚腩。

## ★ 腹部发福者的衣饰建议 10

腰部以上创造装饰亮点，形成转移视错。

　　利用特别的领口设计、丝巾、首饰、胸饰、胸口袋等，以及胸前的绣花，突出的前衣襟包边（上衣的下摆必须是横向线条的包边，否则会适得其反），腰部以上的荷叶、蕾丝装饰等，都是转移视错的元素。除了用传统的丝巾、首饰转移视线，这里给出的图例大多是利用衣领的别致设计转移视线的。

这款大衣除了领子，其他地方的设计相对简单。领子的别致设计，能吸引视线。

西服领子醒目的包边处理。

利用鲜艳的围巾转移视线。

圆领上衣内混搭的花色打底衫或衬衫，鲜明抢眼。

胸前的褶皱花边引人注目。

小贴士 ✚

使用转移视错时，最好能够结合之前的建议，综合使用效果更加明显。比如要利用胸针实现视错时，买瘦长款式，佩戴时和身上的一条竖线呼应就会更棒！

# 将美丽进行到底

有一次，我受邀去香港参加朋友的家庭聚会——这位朋友家世显赫，祖上是清朝正黄旗贵族，他们家后来移居上海做洋行生意，之后又到了香港——我郑重地穿戴整齐，前去赴宴。

主人家的装修颇见品位，处处能体会到家庭的温馨。不多时，主人80多岁的外婆来了。那时外面下起了小雨，外婆和多数老太太一样瘦瘦小小，但精神矍铄。身上披着漂亮的风衣，搭配长靴，拎着精致的手袋，化着得体的淡妆。正当我暗暗赞叹老人的精致装扮时，她从手袋里拿出一双软皮中跟皮鞋，不慌不忙地脱下风衣，换下靴子，之后才微笑着向我走来打招呼。

"您可真美！"我忍不住赞叹。

"你也可以。"她淡淡地笑着。

是啊，为什么我不可以呢？美可以是一种生活方式，是可以学习、可以选择的！你可以选择过不修边幅的生活，可以不化妆，可以穿件大T恤上街；当然，你也可以选择过精心装扮、秀外慧中，从里到外都优雅的生活。

人是可以把自己活成一道风景的。

我，已经坚定了要做后者，我要我一生的各个阶段都美丽、精彩。这是我永不放弃的信念，我也绝不放弃自己。人会老去，这是自然规律，就像春去秋来、花开花落一样不可逆转，但我能想象自己一头白发时，还依然带着自信而美丽的微笑，优雅、美丽。

图书在版编目(CIP)数据

识对体形穿对衣：珍藏版 / 王静著. –– 桂林：漓江出版社，2018.6（2021.3重印）

ISBN 978-7-5407-8371-6

Ⅰ.①识… Ⅱ.①王… Ⅲ.①服饰美学 – 通俗读物Ⅳ.①TS941.11-49

中国版本图书馆CIP数据核字(2017)第331299号

---

**识对体形穿对衣〔珍藏版〕**Shidui Tixing Chuandui Yi（Zhencang Ban）

| | | | | |
|---|---|---|---|---|
| 作　　者 | 王　静 | | | |
| 插　　图 | 王　静　刘　鉴 | **摄　　影** | 董家彤 | |

出 版 人　刘迪才
策划编辑　符红霞
责任编辑　符红霞　赵卫平
封面设计　孙阳阳　　　　**版式设计制作**　夏天工作室
责任监印　黄菲菲

出版发行　漓江出版社有限公司
社　　址　广西桂林市南环路22号
邮　　编　541002
发行电话　010-65699511　　0773-2583322
传　　真　010-85891290　　0773-2582200
邮购热线　0773-2582200
电子信箱　ljcbs@163.com
网　　址　www.lijiangbooks.com
微信公众号　lijiangpress

印　　制　三河市中晟雅豪印务有限公司
开　　本　889 mm×1119 mm　　1/20
印　　张　10.2
字　　数　120千字
版　　次　2018年6月第1版
印　　次　2021年3月第3次印刷
书　　号　ISBN 978-7-5407-8371-6
定　　价　68.00元

阅美文化 悦读阅美·生活更美

《女人30⁺——30⁺女人的心灵能量》
(珍藏版)

金韵蓉/著

畅销20万册的女性心灵经典。
献给20岁：对年龄的恐惧变成憧憬。
献给30岁：于迷茫中找到美丽的方向。

《女人40⁺——40⁺女人的心灵能量》
(珍藏版)

金韵蓉/著

畅销10万册的女性心灵经典。
不吓唬自己，不如临大敌，
不对号入座，不坐以待毙。

《点亮巴黎的女人们》

[澳]露辛达·霍德夫斯/著  祁怡玮/译

她们活在几百年前，也活在当下。走
近她们，在非凡的自由、爱与欢愉中
点亮自己。

《像爱奢侈品一样爱自己》(珍藏版)

徐巍/著

时尚主编写给女孩的心灵硫酸。
与冯唐、蔡康永、张德芬、廖一梅、
张艾嘉等深度对话，分享爱情观、人
生观！

《优雅是一种选择》(珍藏版)

徐俐/著

《中国新闻》资深主播的人生随笔。
一种可触的美好，一种诗意的栖息。

《时尚简史》

[法] 多米尼克·古维烈 /著 治棋 /译

流行趋势研究专家精彩"爆料"。
一本有趣的时尚传记，一本关于审美
潮流与女性独立的回顾与思考之书。

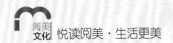
*好书推荐*

《中国淑女（珍藏版）》

靳羽西/著

现代女性的枕边书。

优雅一生的淑女养成法则，活出漂亮的自己。

《中国绅士（珍藏版）》

靳羽西/著

男士必藏的绅士风度指导书。

时尚领袖的绅士修炼法则，让你轻松去赢。

《我减掉了五十斤——心理咨询师亲身实践的心理减肥法》

徐徐/著

"很好看"的减肥书，不仅提供方法，更提供动力和能量。

"很好用"的励志书，从减肥入手——让身体轻盈下去、让灵魂丰满起来。

这不仅是一本减肥指导手册，更是一本借着减肥谈心灵成长的自白书。让更多被肥胖困扰，陷在旧日伤痛中不能自拔的人，看见一线生机。